U0211524

再忙，也要给孩子做晚餐

4~12 岁孩子的花样健康晚餐

萨巴蒂娜 / 主 编

青岛出版集团 | 青岛出版社

图书在版编目（ＣＩＰ）数据

再忙，也要给孩子做晚餐：4～12岁孩子的花样健康晚餐 / 萨巴蒂娜主编 . --
青岛 : 青岛出版社 , 2019.5
ISBN 978-7-5552-8222-8

Ⅰ . ①再… Ⅱ . ①萨… Ⅲ . ①儿童—保健—食谱Ⅳ . ① TS972.162

中国版本图书馆 CIP 数据核字 (2019) 第 071758 号

书　　　名	再忙，也要给孩子做晚餐：4~12岁孩子的花样健康晚餐	
主　　　编	萨巴蒂娜	
副 主 编	高瑞珊	
编　　　辑	耀　婕	
摄　　　影	郭士源	
出 版 发 行	青岛出版社	
社　　　址	青岛市海尔路182号（266061）	
本 社 网 址	http://www.qdpub.com	
邮 购 电 话	0532-68068901	
策 划 编 辑	周鸿媛	
责 任 编 辑	肖　雷　徐　巍	
特 约 编 辑	綦　琪	
设 计 制 作	杨晓雯　叶德永　魏　铭　任珊珊	
制　　　版	青岛帝骄文化传播有限公司	
印　　　刷	青岛海蓝印刷有限责任公司	
出 版 日 期	2019年8月第1版　2022年9月第4次印刷	
开　　　本	16开（710毫米×1010毫米）	
印　　　张	14.5	
字　　　数	200千字	
图　　　数	859幅	
书　　　号	ISBN 978-7-5552-8222-8	
定　　　价	49.80元	

编校印装质量、盗版监督服务电话　4006532017　0532-68068050
建议陈列类别：生活类　美食类

花尽心思，为求一饭

孩子的晚餐特别关键和重要。

如果营养不足，会影响孩子的身体发育，时间长了孩子还会生病。而如果营养摄取太多，宝宝的肠胃娇嫩，无法消化，会造成积食，不但影响孩子晚上的睡眠，造成孩子晚上啼哭，还会阻碍营养吸收，甚至造成呕吐。所以营养搭配一定要恰到好处。

吃什么也很重要。都是大鱼大肉不可取，而一味追求粗粮也不可取。理想的晚餐应该是粗细搭配，有荤有素，口感多变，勤换花样。肉类要选用好消化的，比如鱼肉、鸡肉、嫩牛肉，尽量加工细碎，让孩子身体好吸收。粗粮也一定要多浸泡、巧处理，在补充多种营养素的同时，不给孩子身体造成太大的消化负担，避免积食。

不要给孩子吃得太甜，从小时候就要培养孩子少吃甜食的习惯。如果孩子小时候吃甜食太多了，长大之后形成依赖，就会吃更多的甜食，对身体是没有裨益的。应该让孩子从小就饮食健康，让孩子的肠胃适应吃健康的食物，并成为终生的习惯。

要给孩子吃得清淡。大人爱吃的麻辣鲜香，其实都不适合孩子。人生还很长，滋味确实百样，请给孩子一个相对淡泊的人生开始。

孩子开始长小牙之后，也要记得给孩子刷牙。用儿童小牙刷和完全对身体无害的牙膏，轻轻帮孩子清洁牙齿。平时也尽量给孩子喝温度适宜的白水，补充水分的同时也帮助孩子漱口。

给孩子适当的陪伴，一同享受晚餐时光，让宝宝健康成长。

高欣茹

萨巴蒂娜
个人公众订阅号

萨巴小传：本名高欣茹。萨巴蒂娜是当时出道写美食书时用的笔名。曾主编过近百本畅销美食图书，出版过小说《厨子的故事》，美食散文集《美味关系》。现任"萨巴厨房"和"薇薇小厨"主编。

敬请关注萨巴新浪微博 www.weibo.com/sabadina

目录 CONTENTS

PART1 优质蛋白能量餐 ★★

PART2 健康素食蔬菜餐 ★★

注：Part 意为部分

PART3 花样美味主食餐

PART4 滋润养身汤粥餐 ★★

80/ 百合银耳粥

82/ 燕麦南瓜粥

84/ 滑蛋肉末粥

86/ 鲜虾香芹粥

88/ 五彩蔬菜粥

90/ 鸭腿冬瓜汤

92/ 鲜虾蛋饺小暖锅

94/ 三文鱼骨豆腐汤

96/ 寿喜烧

98/ 什锦面片汤

PART5 功能满分营养水 ★★

102/ 陈皮水

103/ 薄荷水

104/ 百合水

105/ 紫苏水

106/ 三豆饮

PART6　强壮骨骼补钙餐 ★★

PART7　气色红润补铁餐 ★★

PART11 养肺生津止咳餐 ★★

PART12 感冒发热强身餐 ★★

孩子晚餐知多少

 ### 晚餐一定要吃肉吗?

答案是否定的。孩子的身体确实需要摄入肉类食物来补充营养,但因肉类脂肪含量较高,且孩子晚上的运动量很少,并不利于肉类的消化,吃肉太多容易给肠胃造成负担,所以晚餐不一定非要吃肉,尤其是肥肉。当然,晚餐的膳食可以利用少量瘦肉或海鲜来调剂口味。有肥胖倾向的孩子则晚餐要尽量少吃肉类,或食用其他食材完全代替肉类。

 ### 晚餐吃少还是吃饱?

对于成年人来说,"晚餐要吃少";可对于正在成长发育的孩子来说,晚餐就不要吃到"八分饱"了,"刚刚饱"是孩子晚餐合适的分量。21:00~1:00 和 5:00~7:00 是孩子生长激素分泌旺盛的时间段,虽然这期间没有进食,但身体仍然会有营养的需求。若晚餐吃得较少,则直接影响孩子身体在黄金时间段的发育;但要吃得过饱,则会使肠胃产生负担,睡眠质量也会有所下降,同时过多的热量积攒在身体中,很容易造成肥胖。

 ### 睡前需要加餐吗?

对于婴幼儿时期的孩子来说,他们的胃容量比较小,但生长发育又需要大量营养,通常在睡觉前会增加一餐。但对于本书的适龄儿童来说,搭配合理的一日三餐已经可以满足身体所需,睡前不用加餐。

开水泡饭和粥有什么区别？

有些家长为了图省事，用开水浸泡剩米饭来代替粥品或主食，这样做会给孩子的胃部增加不小的负担。因为剩米饭本身就已经失去了部分水分，质地很干，用开水浸泡后，虽然汤水的分量增加了，但米饭并没有变软，连汤带饭一同食用，咀嚼的频率大大降低。咀嚼不彻底的米粒进入胃中，直接增加了胃部的消化负担，久而久之容易引发胃病。而粥则是用水熬煮而成，在加热过程中，米粒或谷物吸收水分后变得软烂，易于消化和吸收，非常适合晚餐食用。

豆子、玉米、土豆、香蕉这些食材，晚餐不能多吃？

是的，这些食物虽然具备多种不同的营养素，但并不适合晚餐食用。这些食物摄入体内后，在消化的过程中非常容易产生气体，造成孩子的肚子发胀。边吃饭边说话也很容易将空气吞入身体内，导致肚胀的现象发生。最好引导孩子吃饭时精神集中地用餐，专注地享受食物味道，这样身体也会对食物的消化吸收产生积极的作用。

食用晚餐的理想时间是几点？

孩子的入睡时间通常是 21 点，晚餐安排在 18 点左右比较适宜，可以给食物留出充分消化的时间。如果过早吃晚餐，睡前容易有饥饿感出现；过晚吃晚餐的话，食物未消化彻底便到了睡觉的时间，很容易造成脂肪堆积，同时也影响睡眠质量。

孩子晚餐的搭配原则

　　4~12岁的适龄儿童，已经经过了婴幼儿发育阶段，饮食结构上与成年人越来越接近，但还是要注意尽量避免过于油腻的"大鱼大肉"，以及过于厚重口味的烹饪方式。同时，孩子对自己的身体感知并不敏感，不会照顾自己，贪凉，贪甜，容易偏食，还需要家长在日常生活中培养孩子正确的饮食习惯，引导孩子树立健康的生活方式。

　　在这个阶段，孩子的生长发育特别快，对能量和蛋白质的需求较大，同时这又是增长知识的黄金阶段。有些家长一味地给孩子安排"高营养"的食物，容易造成孩子的脾胃失调、营养过剩等情况，于是多种食材且搭配均衡的膳食就显得尤为重要。

　　由于孩子白天的活动量较大，丰富的蛋白质和碳水化合物食物可以安排在早餐和午餐时摄入，与成年人的"早餐吃好""午餐吃饱"一致。晚餐则可以清淡一些，以蔬菜、主食和少量低脂肪肉类为宜，多汤水利于消化，吃到"刚刚饱"的程度。

 关于种类搭配：

　　晚餐至少要包含主食和2~3种蔬菜（含菌类和豆制品），主食最好是质地较软的米面或发酵面食；同时，搭配少量脂肪含量低的肉类或水产品，一周有2~3次素食晚餐也没有问题。在此基础上，要尽量保证食材品种多样且新鲜，颜色搭配尽量丰富。

 关于食材挑选：

　　新鲜的应季食材为晚餐首选，同时兼顾低脂肪、不易产生气体、健脾、防积食和助消化功能的食材。还要注意减少使用容易让人窒息的小颗粒食材，如坚果、带核的水果等等。

 关于烹饪方式：

以清淡、少油腻的烹饪方式为主，可以减少脂肪堆积且利于肠胃消化。同时，尽量减少长时间高温制作和加工步骤繁琐的菜式，操作的步骤越简单，食材中营养成分流失的比例就越小。尽量减少爆炒和煎炸的操作，不做烧烤、烟熏、腌制的食物；多用炒、蒸、煮的健康方式烹饪。

 关于食材形式：

为 4~7 岁的孩子准备晚餐时，尽量将食材处理成孩子适口的大小，同时做好的食品质地也要较成年人的口感略软一点。这个阶段的孩子动手能力还有所欠缺，家长可以将不易去壳的食材提前处理好，让孩子吃起来更方便。一些容易让人窒息的食材，家长也要尽量避免使用。

7~12 岁的孩子，肠胃已经发育得较为全面，但是还是和成人有所区别。为其准备的食材质地、大小均可与成年人一致，但是孩子也要尽量减少食用黏性较大和不容易消化的食物。

 关于分量：

孩子的胃在进食前和孩子自己的拳头差不多大小，晚餐的分量要控制在可以使孩子"刚刚饱"的程度，同时所含热量要较低一些。

粗粮的比例不要太高，否则会影响身体对营养的吸收。粗粮占晚餐主食总量的 1/5~1/4 为宜。

 关于调料：

　　孩子的饮食要遵循低油、低盐和低糖的原则，不吃味精，少吃料酒，少吃酱油（酱油含有味精成分）；同时不要使用含有添加剂成分的调料，如嫩肉粉和含有反式脂肪酸的沙拉酱等；还要注意不用辣椒，少用偏刺激口感的咖喱。

　　孩子的体重较成年人的要轻很多，在调料的用量上也要同步下调。在制作孩子和家长共同食用的菜式时，最好先调味后给孩子盛出，然后再继续按家长的口味调整，不要让孩子摄入成年人分量的油、盐和糖等调料，以免增加身体的负担。

 关于易过敏的食物：

　　菠萝、鸡蛋白、牛奶、牛肉、羊肉、虾、蟹、鳕鱼、鲑鱼、贝类、腰果、花生、黄豆、杧果等等都是容易引起孩子过敏的食材。虽然本书适龄儿童的消化系统发育已日渐成熟，但在第一次食用某种食物时，依然要从少量开始尝试，待孩子没有出现过敏症状后，再列入日常膳食中。

　　当然，也不要因为有些食材有可能会过敏，家长就拒绝对所有易过敏食材进行最初的尝试，提早知道孩子的饮食习惯，也是对孩子的一种保护。同时，随着孩子消化系统不断地发育完善，通过少量多次的尝试，也可以提高孩子对该食材的过敏免疫力。

　　对有家族遗传过敏史的食材，则要特别留意，建议带孩子去医院进行专业检查，明确级别程度，做到心中有数。

孩子晚餐的明星食材 TOP8

1. 深海鱼：可以促进脑部、视网膜及神经系统的发育，具有比淡水鱼更全面的营养物质。

2. 海藻类：含有丰富的牛磺酸、碘、膳食纤维的营养食材，有强壮骨骼、护眼等作用。

3. 牛肉：蛋白质高、脂肪低、铁含量丰富的食材，孩子食用肉类的首选。

4. 干香菇：含有丰富的维生素 D，能促进钙质的吸收。

5. 北豆腐：含有丰富的植物蛋白及丰富的微量元素。

6. 金针菇：氨基酸和微量元素含量都很高且种类全面，还有健脑、强壮骨骼等多种作用。

7. 核桃：含有的蛋白质及不饱和脂肪酸是促进大脑组织代谢发育的重要物质。

8. 麦芽糖：具有润肺、生津和去燥的作用，是建议孩子食用的安全糖类，可代替白糖使用。

促进孩子健康发育的最佳组合

· 钙 + 维生素 D，促进钙吸收。

富含钙的食材：牛奶、豆制品、奶酪、黑芝麻、猪肝。

富含维生素 D 的食材：鸡蛋、干香菇、三文鱼、干木耳、鸭肉。

· 铁 + 维生素 C，预防贫血。

富含铁的食材：牛肉、动物血、鱼类、肝脏。

富含维生素 C 的食材：大白菜、橙子、猕猴桃、芥蓝、番茄。

· 锌 + 蛋白质，增加抵抗力。

富含锌的食材：牛肉、虾、鱼类、花生、鸭血。

富含优质蛋白的食材：瘦肉、蛋类、鱼类、奶制品、豆类。

海姆立克急救法

孩子因吃到碎小食物引起窒息的情况并不少见，家长在日常生活中要尽量让孩子少食用花生、瓜子、豆子等容易堵塞呼吸道的食物。可以将食材变换形状后让孩子食用，如碾压成泥状，或打成粉末。

异物堵塞在呼吸道的意外情况发生时，病人通常表现为呼吸困难、脸色变紫、不能咳嗽等症状。首先不要慌张，通过海姆立克急救法在几分钟之内就可以化险为夷。

适用于本书适龄儿童及成人的海姆立克急救法：

1. 站在病人背后，一手握拳，放置于病人肚脐和胸骨间，另一手握住拳头。
2. 瞬间快速压迫病人的腹部，用肺部剩余的空气将异物冲出。
3. 反复几次直至异物排出。

适用于更小的孩子的急救法：

1. 大人将手臂向前伸出与身体呈45°，肘关节略弯曲。将孩子面部向下，以头低脚高的方向将孩子身体放置于前臂上，同时用手托住孩子的头部和颈部，头的高度略低于胸部。
2. 用另一只手的手掌根部用力拍击孩子背部两肩胛骨之间5次。
3. 如果重复上述动作5次后症状没有缓解，则将孩子翻正，角度不变，用食指及中指按压胸骨下半段，直至异物排出。需要注意的是，不要压伤孩子的肋骨。

PART 1

优质蛋白
能量餐

蛋白质是孩子成长发育和身体日常所需的重要营养素，尤其是青少年阶段，对蛋白质的需求量非常大。优质的蛋白质主要来自蛋类、乳制品、肉类、水产类、豆类和菌类。为了减少肥胖现象的发生，减轻身体的负担，我们要尽量选择脂肪含量较低的优质蛋白为孩子补充营养；同时，考虑到晚餐食用过多蛋白质会增加肠胃的负担，影响消化和吸收，晚餐的蛋白质食材要尽量遵循少量且清淡的原则来搭配。

适合孩子晚餐食用的优质蛋白质食材

> 本书的适龄儿童每日蛋白质摄入量以体重计算为 3g/kg，富含优质蛋白质的食材的蛋白质含量为 12~20g/100g（生重），家长可以留意计算一下孩子每日摄入的蛋白质量，以免不足或超标。对于摄入蛋白质超标的儿童来说，晚餐可以减少或不安排蛋白质高和脂肪高的食材，以避免肥胖情况的发生。

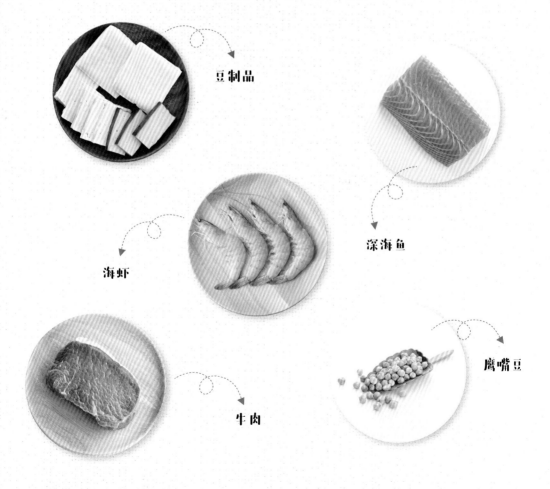

豆制品

深海鱼

海虾

牛肉

鹰嘴豆

清蒸银鳕鱼

20分钟 | 简单

（不含解冻时间）

富含DHA(二十二碳六烯酸)、维生素A、维生素D等多种营养素的深海银鳕鱼，是促进孩子眼部、脑部发育的优选食材。清蒸的烹饪方式既快速又零难度，还最大限度保留了银鳕鱼的营养，使营养功效发挥到最大。

特色

主料

银鳕鱼..............50g

辅料

葱白..................5g
姜......................3g
蒸鱼豉油........1茶匙

烹饪秘籍

买回来的整块银鳕鱼，提前按每餐的食用量分装冷冻保存，避免反复化冻，造成营养流失。

用解冻板解冻食材，可以缩短一半甚至更多的解冻时间。

营养贴士

孩子晚餐蛋白质摄入不宜过多，每餐50g银鳕鱼便可满足孩子的营养需求。市面上有很多冒充银鳕鱼的相似产品，购买时要留意产地标识，以法国、新西兰的为好，参考价格为80~100元/100g。

做法

1. 银鳕鱼从冰箱冷冻室中取出，置于室温环境下自然解冻。

2. 解冻后的银鳕鱼用厨房纸吸干表面的水。

3. 葱白洗净，姜去皮洗净，分别将二者切成细丝。

4. 把银鳕鱼放在深盘中，倒入蒸鱼豉油，表面撒上葱姜丝。

5. 蒸锅中倒入适量凉水，将盘子放在蒸屉上，盖上锅盖用大火加热。

6. 蒸锅上汽后，中火继续蒸5分钟即可。

最全蛋白质

蒜蓉金针菇蒸大虾

35分钟

简单

特色 金针菇和海虾都含有丰富的优质蛋白质，而且金针菇中的植物蛋白与海虾中的动物蛋白可以形成互补，吃这道菜使营养摄入更加全面。晚餐食用这道菜，金针菇的比例可略高些，一方面是因为金针菇可以预防或缓解孩子便秘的情况发生；另一方面，金针菇吃多了，食用的虾就少，而晚餐时要控制动物性食材的摄入，以免增加肠胃的负担。

主料

海虾......................6 只
金针菇............1 小把
红彩椒............1/4 个

辅料

大蒜....................半头
香葱....................2 根
白胡椒粉........1 茶匙
蒸鱼豉油........1 茶匙
油......................适量

烹饪秘籍

将虾进行开背处理，是为了让虾更好地入味。

尽量选择鲜活的海虾。如用冷冻的海虾，在冷冻前不要去皮，这样可以保存更多的营养和鲜味素。

营养贴士

孩子的食量较小，尽量食用蛋白质含量高的优质食材。

做法

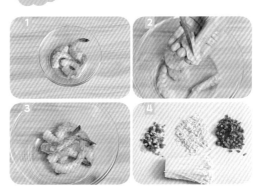

1. 海虾去头、去皮，剔除虾线，然后用水洗净。

2. 用刀在虾背上剖至虾身厚度的一半。

3. 处理好的海虾用白胡椒粉腌 10~20 分钟。

4. 大蒜剥去外皮，切成蒜末；香葱去掉根部，用水洗净，切成葱末；红彩椒洗净，切成小粒；金针菇切去老根，充分洗净。

5. 取一平盘，将金针菇均匀铺在盘底，再将海虾铺在金针菇上，淋上蒸鱼豉油。

6. 将盘子放入上汽的蒸锅中，蒸 5 分钟。

7. 炒锅中倒入油，油温四成热时，将蒜末放入，小火煸至金黄色。

8. 将香葱末和红彩椒粒撒在虾上，再将炒好的蒜油浇在表面即可。

学做百搭酱汁

照烧三文鱼

50分钟 | 简单

（不含解冻时间）

孩子们特别喜欢甜甜的照烧味道。在家自己调制照烧汁，可以减少糖和添加剂的摄入。掌握了照烧汁的做法，便可以"照烧"孩子喜欢的任何肉类和蔬菜。它简直就是孩子餐桌的万能百搭汁。

特色

主料

三文鱼...............50g
西蓝花...............50g
胡萝卜...............50g

辅料

黑胡椒粉........2 茶匙
生抽...............1 汤匙
蜂蜜...............1 汤匙
白芝麻.............适量
油.....................适量

烹饪秘籍

使用相同的酱汁和方法，还可以做照烧鸡腿、照烧蔬菜或照烧豆腐。

如果采买条件便利，建议将生抽换成日本酱油，味道更好。蜂蜜可以用麦芽糖代替。

营养贴士

吃三文鱼对孩子大脑和视觉神经的发育有很好的作用，一周食用两次，每次50g就可以满足孩子的发育需要。

做法

1. 三文鱼用水冲净后，用厨房纸擦干表面的水，再用黑胡椒粉腌半小时。

2. 西蓝花撕成小朵，洗净。胡萝卜去皮洗净，用模具切成小花。

3. 用煮锅将清水烧开，焯熟西蓝花和胡萝卜，沥水备用。

4. 将生抽、2 汤匙清水和蜂蜜倒入碗中，充分搅拌均匀。

5. 平底锅中倒入少许油，待油温五成热时，将三文鱼放入，鱼皮朝下。

6. 继续用中小火将三文鱼四面煎至变色。

7. 倒入调好的照烧汁，大火煮开，转小火继续煮 5 分钟。

8. 将三文鱼装入盘中，表面撒上白芝麻，再将西蓝花和胡萝卜摆在周围即可。

番 茄 鸡 炖 鹰 嘴 豆

40分钟 | 简单

（不含浸泡时间）

特色 植物蛋白与动物蛋白差异并不明显，综合比较，动物蛋白略胜一筹。但植物蛋白的纤维素含量高、脂肪含量低，通过食用植物食材补充蛋白质，不会给身体造成脂肪过多的负担，建议两种蛋白搭配摄入。食用豆子是我们获取植物蛋白的主要途径。鹰嘴豆相比其他豆类，蛋白质功效比、消化吸收率等方面都名列前茅，是为孩子补充植物蛋白的首选豆类。

主料

鸡腿...................1 个
鹰嘴豆..............30g
番茄...................1 个

辅料

洋葱..............1/4 个
香菜...................适量
盐...................... 2g
黑胡椒粉........1 茶匙
油......................适量

烹饪秘籍

番茄与盐同时放入，是为了在
炒制番茄时更易炒出汤汁。

鹰嘴豆可视为主食，加上番茄
与鸡腿肉，这道菜已具备大部
分营养素，再加一碗青菜汤，
便是孩子的一份健康晚餐。

营养贴士

鹰嘴豆属于高海拔作物，
具有污染少、生长慢、日
照充足等特点，营养价值
较高。它适合全家食用，
除了炖煮成菜式食用外，
还可以做粥、做米糊或做
成鹰嘴豆泥。

做法

1. 鹰嘴豆用水冲掉表面杂质，再用清水浸泡 4 小时以上。
2. 鸡腿洗净，去皮、去骨，斩成小块。
3. 洋葱剥去外皮，切成细丝；番茄洗净，切滚刀块；香菜洗净，切去根部，切小段；鸡块放入沸水中焯出血水。
4. 炒锅中倒入少许油，待油温五成热时，放入洋葱翻炒出香味。

5. 再放入番茄和盐，小火翻炒至出汤。
6. 将鹰嘴豆和鸡块放入锅中，同时加入没过食材表面的温水。
7. 大火煮开后，盖上锅盖，转小火炖煮半小时。
8. 出锅前放入黑胡椒粉，表面撒上香菜。

牛肉、虾和鸡蛋组合在一起，简直就是满满一盘优质蛋白质。这三种食材的营养成分又具有牲畜、海鲜、蛋类中各自独有的营养物质。食用这道菜除了可补充优质蛋白，还能摄入尽可能多的营养素。

特色

主料

海虾..................6 只
牛肉馅..............150g
胡萝卜..............100g
鸡蛋..................2 枚

辅料

盐........................ 2g
五香粉............1 茶匙

烹饪秘籍

虾剥好后，将刀横置用侧面碾压虾仁，即可快速做出虾泥。

馅料一定要充分搅拌上劲，才能与蛋皮贴附牢靠不易散。成菜口感更有弹性。

营养贴士

孩子食量小，日常饮食中建议多选择营养价值高的食材。这道牛肉鲜虾蛋卷，可以在有时间的时候多做一些，按每次食用的分量分好，单独冷冻保存。吃的时候，无须解冻直接放入蒸锅中加热，还可以在做汤、煮馄饨、煮面条时使用，省时又营养。

做法

1. 海虾去头、去皮、去虾线，然后用水冲掉表面杂质，剁成虾泥；胡萝卜去皮，切碎末。
2. 将牛肉馅和虾泥混合，顺同一方向搅打上劲。

3. 再将胡萝卜末加入馅料中，用盐和五香粉调味，继续搅拌均匀。
4. 鸡蛋打散成蛋液，用平底锅摊成蛋皮。

5. 将蛋皮放在案板上，用刀切成正方形。
6. 将适量馅料放在蛋皮上，从蛋皮的底部开始卷起，最后卷成圆柱状。

7. 按此方法，逐一将蛋卷卷好。
8. 放入蒸锅中，上汽后蒸 8 分钟即可。

经典名菜

儿童版大煮干丝

🕐 35分钟 | 🍭 简单

（不含浸泡时间）

特色 豆制品中，重量相同情况下，千张（豆干）的蛋白质含量较豆腐高，消化吸收率相差并不多，也就是说，千张的综合营养价值要高于豆腐。这道菜的其他食材，选用了少量的肉类，含有丰富的氨基酸和膳食纤维的菌类，以及维生素含量丰富的青菜。口味清淡但食材多样，再加上丰富的汤水，搭配一份主食便是十分适合孩子的晚餐食物。

主料

千张（豆干）...100g

鸡小胸..............2 条

杏鲍菇..............1 个

白萝卜..........1/4 个

干木耳................5g

小油菜...........100g

海米.................5g

辅料

葱段.................10g

姜片..................5g

盐......................2g

烹饪秘籍

用肉锤将煮好的鸡胸捶松，撕成肉丝更快更省力。没有肉锤的话，可以用刀背代替。

泡发黑木耳的时间要控制在 2 个小时以内，以免因泡发时间过长产生对身体有害的毒素。用温水可以缩短泡发时间，但营养会有所流失。

营养贴士

晚餐不宜口味厚重，用清水煮汤即可，不要用高汤，更不要使用浓白色的脂肪含量较高的汤底。

豆干和菌类的蛋白质含量已经很丰富了，鸡小胸用于丰富口感，两条的用量已经足够。

做法

1. 干木耳浸泡在凉水中，泡发即可，洗净撕成小朵。

2. 煮锅中放入适量清水、葱段和姜片，沸腾后放入鸡小胸煮熟。

3. 将煮好的鸡小胸捶松，用手撕成细丝。

4. 将干张和杏鲍菇均切成细丝。白萝卜去皮后切相同宽度的细丝。小油菜洗净备用。

5. 另取一锅清水，分别将干张和杏鲍菇焯烫。

6. 锅中倒入清水，放入鸡丝和海米，大火烧开后盖上锅盖煮 10 分钟。

7. 然后放入杏鲍菇丝、白萝卜丝、小油菜和木耳，继续煮 2~3 分钟。

8. 最后用盐调味即可。

（不含浸泡时间）

30分钟

简单

哪种豆腐最营养

蛋抱豆腐

特色 掌握快手又营养的孩子晚餐菜式，是工作繁忙的家长的必备技能。豆腐在冰箱里可以保存2~3天，鸡蛋是冰箱中的必备品。肉末提前分装成扁平的小份冷冻，解冻时间也就区区10分钟。所有食材一股脑放进蒸锅，同时热上一份主食，半个小时通通上桌。等待的时间还可以陪孩子完成部分功课，或者回上几封邮件。

主料

南豆腐..............1 块
牛肉馅..............50g
鸡蛋..................2 枚

辅料

蚝油..............1 茶匙
大葱末................5g
姜末..................3g
香葱末................5g
五香粉........1/2 茶匙
绵白糖........1/2 茶匙

烹饪秘籍

用淡盐水浸泡南豆腐，是为了提高豆腐的韧性，使其不易碎。

牛肉馅中还可以加入香菇、冬笋等耐蒸食材，使整道菜的营养更丰富。

营养贴士

豆腐种类有很多，以蛋白质和钙的含量高低排序的话，北豆腐＞南豆腐＞内酯豆腐。水分含量越高的豆腐，营养素含量就越低。但在选择食材时，也不用刻意挑选营养价值最高的品种，多种食材的合理搭配比单个食材营养价值高低更重要。

做法

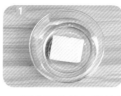

1. 把南豆腐放入淡盐水中浸泡 10 分钟。

2. 牛肉馅从冷冻室拿出后切几下加速解冻。

3. 牛肉馅中放入绵白糖、五香粉、蚝油、大葱末和姜末拌匀。

4. 将南豆腐切片，均匀码放在深碗中。

5. 将牛肉馅填入容器的缝隙中，整理好，使其表面平整。

6. 将整个鸡蛋磕在南豆腐上。

7. 把容器放入蒸锅中，盖上锅盖，上汽后蒸 15~20 分钟。

8. 出锅后，表面撒上香葱末即可。

PART 2

健康素食
蔬菜餐

我们提倡食用当季的蔬菜。食物随着自然的成长周期生长，当季收获的果实自然营养价值最高，口味也更好。虽然现在的种植技术越来越先进，我们全年都可以吃到各式蔬菜，但自然收获的应季蔬菜还是我们的餐桌首选。

四季应季蔬菜

春季： 绿叶蔬菜为主。芹菜、油菜、菠菜、韭菜、春笋等。

夏季： 消暑功能的果实类和豆荚类为主。苦瓜、丝瓜、冬瓜、扁豆、豌豆、黄瓜、番茄等。

秋季： 去火功能的蔬菜为主。莲藕、山药、百合、菱角、茭白、卷心菜、萝卜等。

冬季： 根茎类蔬菜为主。栗子、红薯、冬笋、土豆、花生、大白菜等。

我们从不同种类的蔬菜中都能摄取到哪些营养素？

叶菜类： 含有丰富的维生素和膳食纤维。

根茎类： 富含碳水化合物、矿物质、膳食纤维，蛋白质含量低。

十字花科类： 富含维生素，尤其是维生素K；营养价值高于叶菜类。

菌类： 富含蛋白质、品种较全的氨基酸和膳食纤维，脂肪含量低。

海藻类： 富含碘和膳食纤维。

4~7岁的孩子每日蔬菜摄入量为250~300g（生重），7~12岁的孩子每日蔬菜摄入量为300~450g（生重），建议每天食用三种以上不同种类的蔬菜来满足身体的日常活动和发育需要。

素炒合菜

15分钟　简单

（不含浸泡时间）

特色 春季是生发的季节，也是孩子生长发育最快的季节。除了多吃应季蔬菜之外，平时尽可能多地吃些可以自行生发的蔬菜，比如豆芽、韭菜、春笋、大蒜等等，以助长生发之气。

主料

韭菜.................100g

绿豆芽............50g

胡萝卜.............50g

鸡蛋.................1枚

干木耳.............5g

辅料

大葱.................5g

姜......................3g

生抽.............1茶匙

绵白糖..........1茶匙

蚝油............1/2茶匙

油.....................适量

★★ 烹饪秘籍 ★★

韭菜和绿豆芽都易熟，要最后放，以免炒制时间过长影响口感和营养。

可以往蛋液中加1汤匙清水，炒出的鸡蛋口感更嫩。

营养贴士

早春季节天气依旧寒冷，还是要多给孩子准备一些以高热量食物为主的膳食，同时让孩子摄入足量的新鲜蔬菜来提高抵抗力。考虑到晚餐饮食清淡的原则，晚上可尽量多吃以主食和蔬菜为主的菜式，并搭配汤水缓解春燥；白天的饮食可多摄入些肉、蛋、鱼等优质蛋白。

做法

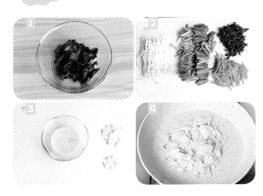

1. 干木耳浸泡在凉水中，泡发即可，洗净后用手撕成小朵。

2. 韭菜洗净，切段；胡萝卜去皮，洗净，切丝；木耳切丝；绿豆芽择洗干净，沥水，备用。

3. 大葱和姜均切成末。鸡蛋打散成蛋液，搅匀。

4. 炒锅中倒入少许油，待油温五成热时，倒入蛋液划散成大块，待鸡蛋凝固成块后盛出。

5. 锅中留底油，放入葱末和姜末爆香。

6. 再放入胡萝卜丝和木耳丝，翻炒约1分钟。

7. 再将韭菜、绿豆芽和炒好的鸡蛋放入，继续翻炒均匀。

8. 最后放入生抽、蚝油和绵白糖，翻炒均匀。

鲜味丝瓜

8分钟 | 简单

（不含浸泡时间）

特色 夏天孩子的活动量很大，再加上天气炎热，大量的微量元素和维生素会随着汗液排出体外，清热去暑且水分充足的蔬菜便成了夏季的餐桌担当。在烹饪过程中，食材中大部分营养素会因烹饪时的高温或长时间的加工而流失。在制作夏季菜式时，一定要快速且尽量避免使用高温烹饪方式，以保证营养素最大限度地存留。

主料

丝瓜..................1根
干木耳...............5g
红彩椒.............半个

辅料

葱白...................5g
大蒜..................5 瓣
醋.................2 茶匙
蚝油...............1 茶匙
盐....................2g
油....................适量

烹饪秘籍

放醋的目的是为了防止丝瓜在炒制的过程中氧化变黑。放醋后成菜颜色会更好看。

如果能买到鲜蛤或蛏子，不妨放几个与丝瓜搭配，味道更鲜。

营养贴士

夏天出汗较多，要多给孩子准备一些汤水或饮品。在食材选择上，尽量挑选富含水分的蔬菜，如丝瓜、黄瓜、冬瓜、苋菜等等。食用这些菜既补充了水分，又摄入了微量元素和维生素。

做法

1. 干木耳浸泡在凉水中，泡发即可，洗净后用手撕成小朵。

2. 丝瓜去皮切成条状。红彩椒洗净，去籽切成丝。

3. 大蒜剥去外皮，与葱白分别洗净，然后切成末。

4. 炒锅中倒入少许油，待油温五成热时，放入大蒜爆出香味。

5. 将木耳放入，翻炒约半分钟。

6. 再放入丝瓜，翻炒至丝瓜变软。

7. 沿锅边淋入醋。

8. 放入红彩椒、盐和蚝油，翻炒均匀后出锅。

五彩藕片

15分钟 | 简单

（不含泡发时间）

预防秋燥是孩子秋季饮食的重点。白色的食材大多有清肺去燥的作用，百合、藕、银耳、山药等白色食材，都可以换着花样做成炒菜、粥或汤羹给孩子食用。同时这些食材也具有一定的调理脾胃的作用。

特色

主料

藕......................150g

荷兰豆...............50g

鲜百合...............20g

胡萝卜............1/3 根

辅料

盐........................ 2g

绵白糖............1 茶匙

油......................适量

烹饪秘籍

荷兰豆要先洗净后再择去老筋，如果反序操作的话，营养会在清洗的过程中顺老筋的开放位置流失。

做法

1. 胡萝卜洗净去皮切片。藕洗净去皮，切成薄片。

2. 荷兰豆洗净后择去老筋，鲜百合洗净掰成瓣。

3. 准备一锅清水，煮沸后将藕片放入，焯烫后沥水备用。

4. 炒锅中放入少许油，待油温五成热时，放入胡萝卜片翻炒 1 分钟。

5. 然后放入藕片和荷兰豆，继续翻炒至荷兰豆颜色变深。

6. 最后将鲜百合放入锅中，同时放入盐和绵白糖，翻炒均匀后即可出锅。

营养贴士

藕、百合是典型的清热去火食材，适合在夏天食用。其他季节里，可以减少 1 至 2 种食材，或和其他瓜类一起烹饪，同样可以达到预防火气过大的目的。

栗子扒娃娃菜

30分钟 | 简单

栗子是典型的冬季应景食材，其丰富的碳水化合物能给身体提供较多的热量，来抵抗寒冷的天气。同时，栗子还富含维生素C、B族维生素、钙、钾、胡萝卜素等。娃娃菜含钙量高，同时还能为人体补充丰富的膳食纤维。

特色

做法

1. 栗子去皮，对半剖开。

2. 娃娃菜洗净，改刀成大段。

3. 锅中倒入适量清水。

4. 放入葱段、姜片、瑶柱和栗子，盖上盖子，中小火将栗子煮熟。

5. 将娃娃菜放入锅中煮软。

6. 放入适量盐，即可出锅。

主料

栗子.................6个
娃娃菜..............1个

辅料

瑶柱....................5g
葱段..............2大段
姜片.................1片
盐.........................1g

烹饪秘籍

栗子的淀粉含量较高，不容易消化，虽然营养丰富但也不宜多吃，适龄儿童每餐吃2~3个为宜。

营养贴士

冬季一味地吃"大鱼大肉"会导致孩子出现肥胖和积食的问题，为了有足够的能量抵抗寒冷的天气，在保证优质蛋白摄入的基础上，可以适当增加富含碳水化合物的食材摄入量。

菌菇腐皮卷

30分钟 | 简单

（不含泡发时间）

特色 大多数菌类都具有蛋白优质、脂肪低、热量低的特点，也含有与肉类不相上下的多种氨基酸成分，可以增强人体抵抗力。经常给孩子食用菌类，既保证了营养的摄入，又不用担心脂肪摄入过多。

主料

干木耳................. 5g

干香菇................. 10g

杏鲍菇................. 50g

胡萝卜................. 30g

鸡蛋................. 2 枚

腐皮................. 3 张

辅料

葱末................. 10g

姜末................. 5g

五香粉........... 1 茶匙

蚝油............... 1 茶匙

油................. 适量

绵白糖........... 1 茶匙

生抽............... 1 茶匙

烹饪秘籍

一次可以多做些腐皮卷,无须蒸制直接放入冰箱的冷冻室保存,现吃现蒸。

晚餐中豆制品也不宜过多,腐皮卷每餐 2~3 个为宜。

营养贴士

每种菌类都有各自的长处,金针菇可以促进孩子的智力发育,银耳补脾开胃,木耳可以清肠等等。在日常饮食中,无需刻意食用某种功效的菌类,只要经常食用,并根据实际采买条件,摄入不同品种的菌类就可以满足日常的营养需求。

做法

1. 干木耳和干香菇用流动水冲去表面杂质后,浸泡在凉水中泡发。

2. 将杏鲍菇、胡萝卜、泡发好的黑木耳和香菇均洗净,切成碎末。

3. 鸡蛋打散成蛋液,对入 1 茶匙清水。

4. 炒锅中放入少许油,待油温三成热时,将蛋液倒入,用筷子顺同一方向搅动蛋液,直至蛋液呈小小的碎粒状,盛出备用。

5. 将所有食材混合在容器中,调入适量油、蚝油、五香粉、葱末、姜末、绵白糖和生抽,搅拌均匀。

6. 将腐皮切成宽度约为 15cm 的长方形。

7. 取适量馅料放在腐皮中间,包裹成春卷状。

8. 将卷好的腐皮卷放入蒸锅中,上汽后蒸8~10 分钟即可。

吃出整齐牙齿

爽口拌杂菜

20分钟

简单

特色 食用含膳食纤维的食物，需要用牙齿充分咀嚼，这一过程也是对口腔组织的按摩和刺激，能减少食物残渣在牙缝和牙齿周围的残留，减少龋齿病的发生。同时，充分的咀嚼过程也可以促进孩子下颌骨的发育，使牙齿排列更整齐。

主料

胡萝卜..............100g

莴笋..............100g

鲜海带..............50g

黄瓜..............半根

豆皮..............50g

坚果碎..............适量

辅料

大蒜..............3瓣

生抽..............1茶匙

醋..............2茶匙

绵白糖..............1茶匙

香油..............1茶匙

油..............适量

烹饪秘籍

提前将莴笋焯制，是为了去除其中的草酸。如果想在这道菜中加入菠菜或菌类，也需要提前将草酸焯掉。

营养贴士

孩子的肠胃功能较成人弱一些，并不适合过于频繁地食用含有膳食纤维的食物，而且摄入过多的纤维素也会影响其他营养素的吸收。家长可以有针对性地在食肉较多、有便秘的情况下，为孩子搭配膳食纤维丰富的菜式。将食材进行简单的加热处理，可减轻食材的凉性。

做法

1. 胡萝卜和莴笋均洗净，去皮，切丝。
2. 鲜海带洗净后切丝，大蒜切末。

3. 黄瓜和豆皮均在熟食案板上切丝备用。
4. 取煮锅倒入一锅清水，沸腾后将莴笋丝和海带丝焯至八成熟。

5. 炒锅中放入少许油，待油温五成热时，放入大蒜爆出香味。
6. 放入胡萝卜丝、莴笋丝、豆皮丝和海带丝，翻炒均匀后盛出。

7. 放入黄瓜丝和坚果碎。
8. 再将所有调料放入，拌匀即可。

维 生 素 的 宝 库

麻酱果仁菠菜

15分钟 | 简单

绿叶菜中富含孩子身体发育所需的多种营养素。芝麻酱的钙含量远高于牛奶和豆腐。但因热量较高，芝麻酱每次不宜吃多，1汤匙就好。

特色

做法

1. 芝麻酱用水澥开。
2. 放入生抽、醋、绵白糖和蒜泥，拌匀成芝麻酱汁。
3. 菠菜洗净并切去老根，放入沸水中焯1分钟。
4. 捞出菠菜，挤干水。
5. 将调好的芝麻酱汁浇在菠菜上。
6. 表面撒上坚果碎即可。

主料

菠菜.................200g
芝麻酱...........1汤匙
坚果碎............适量

辅料

蒜泥...............1茶匙
生抽...............1茶匙
醋...................2茶匙
绵白糖...........2茶匙

烹饪秘籍

焯菠菜时，在锅中放入少许油和盐，可以令菠菜的绿色更鲜艳。

焯好的菠菜要尽量将水分挤干净，这样口感更好。

营养贴士

最好不要吃隔夜的绿叶菜。炒好的青菜放置6~8小时便可称为"隔夜菜"，对身体有害，同时蔬菜放置时间太久，也会受到二次污染。

远离磕碰淤皿

鲍汁蒸双花

20分钟 | 简单

如果孩子身上磕碰后很容易出现淤血的现象，那就说明其身体内可能缺少维生素K，通过多吃菜花可以补充维生素K。菜花里除含有丰富的维生素K，还含有较其他蔬菜更为全面的矿物质。作为菜花的亲戚——西蓝花，除了具有与菜花相似的营养素种类外，营养价值还要更胜菜花一筹，尤其是维生素C和叶酸的含量较丰富。

特色

主料

西蓝花...............100g
菜花.................100g

辅料

鲍汁...............1汤匙
蚝油...............1茶匙
绵白糖...........1茶匙
油...................适量

做法

1. 西蓝花和菜花均洗净，用手撕成小朵。
2. 将双花摆在深盘中，放入蒸锅中，盖上锅盖，上汽后蒸8~10分钟。
3. 炒锅中放入少许油，油温三成热时，放入鲍汁、蚝油、绵白糖和2汤匙清水，煮沸后关火。
4. 将炒好的鲍汁浇在蒸好的双花上即可。

烹饪秘籍

蒸制可以最大限度地保存食物中的营养，也较炒制省事。

蒸制的时间，需要根据食材的大小进行调整。

营养贴士

西蓝花茎部的口感较为粗糙，在烹饪的时候，可以将茎部切成薄片凉拌或做炒饭的配菜。

山药木耳炒芦笋

20分钟 | 简单

（不含泡发时间）

通常根茎类蔬菜的营养价值不如绿叶菜高，但碳水化合物含量较高，矿物质种类很丰富。如果孩子不爱吃青菜，可以通过吃根茎类蔬菜来补充营养素，但需要注意同一餐的主食量要相应减少。

特色

主料

山药.................100g
芦笋.................100g
干木耳...............5g

辅料

葱末................5g
盐.................2g
水淀粉...........2汤匙
油.................适量

★★ 烹饪秘籍 ★★

芦笋的营养价值很高，适合孩子食用。挑选时，尽量选择色泽鲜绿、顶部饱满的。

🍴 营养贴士

根茎类蔬菜的水分较少，蛋白质含量较低，在吃晚餐时，可以搭配一份瘦肉或菌类汤水，让身体更容易消化和吸收。

根茎类蔬菜含有较丰富的膳食纤维，对于肠胃功能较弱的儿童来说，不宜食用过于频繁或完全替代主食，家长可以在孩子活动量较大、便秘的情况下为孩子准备根茎类蔬菜的菜式。

做法

1. 干木耳浸泡在凉水中，泡发即可，洗净后用手撕成小朵。

2. 芦笋用清水洗净，并切去老根。

3. 用刀将芦笋斜切成小段。

4. 山药洗净，去皮，切片。

5. 煮一锅清水，分别将芦笋、山药和木耳焯至八成熟。

6. 炒锅中放入少许油，放入葱末爆出香味。

7. 放入山药、木耳和芦笋，并放入适量盐调味。

8. 倒入水淀粉，翻炒均匀后即可。

不可忽视的牛磺酸

味噌海带结炖萝卜

40分钟 | 简单

（不含泡发时间）

海洋生物的牛磺酸含量都很高，相对于鱼、虾、贝类等海产品，更易采买、保存和烹饪的，莫过于海带了。牛磺酸对孩子大脑的发育起到很重要的作用，还可以增强免疫力和抗疲劳。牛磺酸易溶于水，用海带煮汤，并把汤通通喝掉，是补充牛磺酸最省事的办法。

主料

海带结..............100g
白萝卜..............200g

辅料

白味噌..............10g
香葱末..............适量

烹饪秘籍

海带结中盐较多，如果有时间，可以提前浸泡1~2小时。

海带结和白味噌中都有盐分，无需再加盐。

做法

1. 海带结放入清水中浸泡一会儿去除多余盐，清洗干净。
2. 白萝卜洗净，去皮切块。
3. 将海带和白萝卜放入砂锅中，倒入高出食材约2cm的清水。
4. 大火煮开后转小火，盖上盖子，将食材煮至软烂的程度。
5. 加入白味噌，搅拌均匀后再煮两分钟。
6. 出锅之前表面撒香葱末提味。

营养贴士

哺乳动物的内脏，如心、脑和肝中牛磺酸的含量较高；除牛肉外，其他肉类的牛磺酸含量很少，通常为鱼贝类的1%~10%。

平时用眼过度的孩子，更要注重牛磺酸的补充。牛磺酸有维持眼部细胞正常功能的功效。

PART 3

花样美味
主食餐

孩子晚上不宜吃得过饱且晚餐中主食含量不宜过多，以免给脾胃增加负担。"一锅出"的菜式用来作为孩子的晚餐尤为合适，主食、蔬菜、肉类和汤水组合在一起，营养均衡又养脾胃。

晚餐"一锅出"推荐组合

· 面条类

面条种类	富含蛋白质的食材	蔬菜	推荐形式
中式湿面：切面、拉面	少量海鲜或瘦肉	耐煮蔬菜：如芦笋、番茄、南瓜、圆白菜等	煨面
中式干面：挂面、面线	少量豆制品或瘦肉	应季绿叶菜	汤面
各式意面	少量海鲜或菌类	简单处理的蔬菜（焯或蒸）：如甜豆、西蓝花、胡萝卜等	多汁拌面

· 米饭类

米饭种类	富含蛋白质的食材	蔬菜	推荐形式
米饭	少量瘦肉或海鲜	耐煮蔬菜：如菌类、南瓜、豆荚类	炖饭
杂粮饭：大米＋小米（或藜麦等）	蛋类、少量瘦肉或豆制品	简单处理的蔬菜（短时间炒制）：如西蓝花、胡萝卜、青椒等	拌饭

· 面食类

面食种类	蔬菜	其他建议搭配
馄饨	与馄饨同煮的应季绿叶菜	发酵面食：如发糕、花卷等
素馅包子或饺子	白灼或清炒应季绿叶蔬菜	汤或粥

浓 浓 鲜 味

金汤煨面

⏰ 30分钟

🍭 简单

特色 面条先煮到八分熟，然后用菜汤煨熟至软烂，让汤汁的味道慢慢渗入面条中，比拌面、卤面要入味得多，浓郁的味道一定会受到孩子们的喜爱。煨面中略多的汤汁使成菜口感更润，吃后肠胃更舒服，而且孩子不会因喝了汤面里过多的汤水，产生饱胀感。

主料

海虾....................4 只
芦笋....................4 根
樱桃番茄......6~8 个
玉米粒............适量
面条....................80g

辅料

大葱.................... 5g
大蒜.................... 3g
姜 3g
盐 2g
油.....................适量

烹饪秘籍

如果有多余的虾油，可以放在玻璃容器中冷藏保存，拌面、煮粥或调味使用。

营养贴士

晚餐不宜摄入过多的蛋白质，给孩子做晚餐时，可以用1份瘦肉，加上2份耐煮的蔬菜，如茄瓜类、十字花科类的蔬菜，以及1份细面即可。

因为蔬菜经过较长时间的加热，某些不耐热维生素受到破坏，所以可以再加一份白灼青菜或1个含糖量较低的水果来补充维生素。

做法

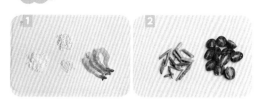

1. 虾去头、去皮、去虾线后洗净，留虾头备用。大葱、姜和大蒜分别切末。

2. 樱桃番茄洗净去蒂，对半切开。芦笋削去老根，斜刀切成小段，用沸水焯至八成熟。

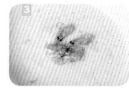

3. 炒锅中放入少许油，待油温三成热时，用小火将虾头慢慢煎脆煎香，虾头丢弃，保留虾油。

4. 加热虾油至五成热，将虾煎变色后盛出。

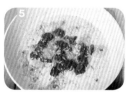
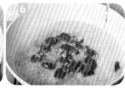

5. 锅中留底油，放入葱姜蒜末爆香，然后放入樱桃番茄翻炒 1 分钟。

6. 倒入与食材同高的清水，小火加热至沸腾。

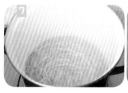

7. 另取一煮锅，将面条煮至八成熟。

8. 把面条放入炒锅中，一并放入芦笋、玉米粒和煎好的虾翻匀，盖上盖子，小火煨 2 分钟，最后放少许盐调味即可。

酸 甜 开 胃

多汁意式蝴蝶面

特色 意面很讨孩子们喜爱。把意面当晚餐，可以把黄油、奶酪这些高脂肪的食材省去，放一点点肉提香，同时增加番茄的用量，用味道浓郁且热量最低的酱汁做出孩子喜欢的菜式。番茄酸酸甜甜的口味，可以开胃还不易积食。

主料

牛肉馅.............. 30g
番茄.................. 150g
口蘑.............. 5~6 个
蝴蝶意面.......... 100g

辅料

洋葱.................. 15g
大蒜.................. 10g
罗勒碎.............. 2g
披萨草.............. 2g
盐.................... 2g
黑胡椒碎 1g
油.................... 适量

烹饪秘籍

口蘑片要切厚一
些，经过与其他食
材的熬煮，口感和
味道会更好。

罗勒碎和披萨草是做番茄意面酱必
不可少的调料，可以在淘宝买到。

意面可以适当煮软一些，易于消
化。酱汁的汤汁不用熬得太干，
一来节省熬酱的时间，二来多汤
汁也符合儿童晚餐的特点。

营养贴士

除了番茄酱汁，再推荐几种适
合孩子晚餐的意面配菜组合：
· 牛奶菠菜酱汁 + 松子仁
· 芦笋 + 虾仁 + 大蒜 + 盐 +
橄榄油
· 鸡胸肉 + 蘑菇

做法

1. 番茄洗净，切小块；洋葱剥去外皮，切小粒；
   大蒜剥去外皮，切成蒜末。
2. 口蘑洗净后切片，浸泡在清水中备用。
3. 炒锅中放入少许油，待油温五成热时，放入
   洋葱粒和蒜末爆香。
4. 然后放入牛肉馅翻炒至变色。

5. 放入番茄块，翻炒至出红汤。
6. 然后放入罗勒碎、披萨草、口蘑、盐和黑胡
   椒碎，小火翻炒 5~8 分钟至酱料稀稠程度
   适中。
7. 煮锅中倒入清水，水中放入适量盐，将蝴
   蝶意面煮熟。
8. 将蝴蝶意面与酱汁混合即可。

蔬菜牛腩面

10分钟 | 简单

遇到没有充裕时间准备晚餐的时候，快手料理就派上了用场。利用冰箱里常备冷冻好的炖肉、高汤和冷冻面条，再加上用保鲜容器保存好的新鲜蔬菜，10分钟把营养美味端上餐桌，绝对不是难事。

特色

主料

番茄	100g
蟹味菇	50g
荷兰豆	50g
炖牛肉	50g
牛肉汤	100ml
蔬菜面条	100g

辅料

盐	1g

烹饪秘籍

经过水洗和刀切处理的食材，营养流失较快不宜继续保存，如有剩余的食材可做一道番茄蘑菇汤供家人食用。

营养贴士

· 现在市面上可以买到用蔬菜水制成的彩色面条，其实彩色面条经过加工处理已经基本没有蔬菜中的营养留存，只是相对普通面粉制作的面条而言，营养素会略多一点点。

· 彩色面条尽量自己手工制作，以免买到非天然色素制成的彩色面。

做法

1. 番茄洗净，切成小块。

2. 蟹味菇洗净，切去老根。

3. 荷兰豆洗净并择去老筋，备用。

4. 煮锅中倒入适量清水和牛肉汤。

5. 放入番茄和蟹味菇，中火煮开。

6. 汤沸腾后放入蔬菜面条，将面条煮至九成熟。

7. 放入荷兰豆和炖好的牛肉。

8. 水再次沸腾后关火，加入适量盐调味即可。

菇香包子

🕐 50分钟 | 🍭 中级

素馅包子适合晚餐食用，用菌类和鸡蛋提香，用少量油调馅，再加上易于消化的发面，满足口腹之欲的同时也不会给身体造成太多的负担。

特色

主料

面粉................300g
香菇................6 朵
干木耳..............10g
杏鲍菇.............1 个
鸡蛋................2 枚

辅料

酵母...............1 茶匙
盐.................2g
生抽...............1 茶匙
油.................适量

烹饪秘籍

包子摆在蒸锅里时，一定要留出空隙，在二次发酵及蒸制的过程中，包子还会"继续长个儿"。

营养贴士

其他几种适合孩子晚餐的素馅搭配：

胡萝卜木耳鸡蛋馅含有丰富的胡萝卜素，可保护视力。

卷心菜香菇豆干馅富含蛋白质和钙，可强韧骨骼。

茄子青椒馅，可解暑去火。

做法

1. 将酵母与面粉加适量温水揉成光滑面团，静置发酵至原体积两倍大。干木耳浸泡在凉水中，泡发即可，洗净撕成小朵。

2. 将香菇、杏鲍菇和泡发好的干木耳均洗净，分别切成碎末，混合备用。

3. 鸡蛋打散成蛋液。炒锅中放入少许油，先将蛋液放入，打散炒成细小的鸡蛋碎，再将香菇、木耳和杏鲍菇放入，同时放入盐和生抽，翻炒均匀后关火。

4. 把面团排气后再揉成光滑面团，然后均匀分成每个 20g 重的小剂子。

5. 将小剂子擀成中间厚四周薄的包子皮。

6. 将馅料放在包子皮中间，将四周的面皮以捏褶的方式收拢并封口。

7. 将包好的包子放在蒸锅中，静置 15 分钟。

8. 大火烧开，上汽后转中火蒸 15 分钟即可。

驱散冬日严寒

砂锅小馄饨

50分钟

中级

特色 冬天或寒冷潮湿的天气里，守着砂锅吃上一顿热乎乎的小馄饨，肉、菜、主食和汤水全有了，吃完身心俱暖。

主料

面粉................200g
鸡蛋................1枚
胡萝卜..............1根
牛肉馅..............100g
蒿子杆..............1小把

辅料

大葱................1/3根
姜..................2大片
油..................2汤匙
盐..................1g
酱油................1茶匙
绵白糖..............2g
香油................1茶匙
白胡椒粉............1g
虾皮................适量
紫菜................适量

✿✿ 烹饪秘籍 ✿✿

自制馄饨皮没有使用添加剂，食用更加放心。如果有剩余的馄饨皮，可以擀成更薄的片状，做成什锦面片汤（参考本书p.98）。

营养贴士

蒿子杆的茎部有丰富的纤维素，可以促进肠胃蠕动，尤其在冬季，孩子的活动量较少，适量增加纤维素可以预防便秘的发生。在做蒿子杆的其他菜式时，也尽量鼓励孩子食用茎部，不要因为口感不好而丢弃。

做法

1. 将面粉和鸡蛋混合放在容器中，少量分次加入清水，揉成光滑的面团。

2. 用擀面杖或压面机将面团压成薄厚适中的片状，并改刀成长方形的馄饨皮。

3. 胡萝卜洗净去皮擦丝，大葱、姜均洗净后切末。将三者与牛肉馅混合，再倒入油和酱油，用筷子顺一个方向搅打上劲。

4. 如图所示，取一张馄饨皮，将适量馅料放在中间，将馄饨皮底边向斜上45°方向对折。

5. 以馄饨馅为中心，将馄饨皮的两角向下折，将馅料包围住，两角重叠捏紧。依照此步骤，逐个将馄饨包好。

6. 蒿子杆洗净，切成小段。大碗中放入虾皮、紫菜、绵白糖、盐、白胡椒粉和香油。

7. 煮锅中放入清水，沸腾后将馄饨放入，再次沸腾后放入蒿子杆。

8. 待馄饨皮变透明并浮起，将锅中所有食材倒入大碗中即可。

这样吃洋葱最稳妥

亲子饭

20分钟

简单

（不含腌制时间）

特色　洋葱具有辛辣刺激的味道，有些家长担心孩子肠胃功能较弱，不适合吃太过刺激的食物，于是对洋葱敬而远之。其实洋葱里的营养物质非常丰富，可以预防感冒、减轻哮喘症状、促进铁的吸收等等。至于洋葱中的辛辣物质，遇热后就会分解，只要把洋葱加热至熟，就不用担心这个问题了。

主料

鸡腿肉...............50g

紫洋葱...............30g

鸡蛋..................1枚

二米饭..............1碗

辅料

生抽...............1茶匙

绵白糖...........1茶匙

海苔丝..............适量

白胡椒粉............2g

油.....................适量

烹饪秘籍

在剩余的一半蛋液开始凝固时关火，是为了用底部食材的热度把上层蛋液加热至凝固，这样操作可以让鸡蛋的口感更嫩滑。

营养贴士

与白洋葱相比，紫洋葱的营养价值略高一些。我们也可以简单地记住，同科相似的食材，颜色越深的营养价值越高。

做法

1. 鸡腿肉洗净，去皮、去筋膜，切成小块，用少许生抽和白胡椒粉腌10分钟。

2. 紫洋葱去皮洗净，切成细丝。鸡蛋磕入碗中，用筷子轻轻搅动成蛋清、蛋黄不完全融合的蛋液。

3. 炒锅中倒入少许油，待油温五成热时，放入紫洋葱爆香。

4. 然后放入鸡腿肉，翻炒至变色。

5. 放入绵白糖和2汤匙清水，盖上盖子，中小火煮3分钟。

6. 打开锅盖，沸腾状态下，将一半蛋液倒入，中火煮至蛋液凝固。

7. 再倒入剩余的蛋液，待蛋液开始凝固时关火。

8. 将煮好的食材盖在二米饭上，表面撒上海苔丝。

软 糯 鲜 美

南瓜香菇鸡肉炖饭

40分钟 | 中级

（不含泡发时间）

特色 大米用营养丰富的菜汁炖熟，又入味又软烂，尤其适合晚餐食用。做炖饭，即使吃饭人数较少，也可以做出合适的分量，没有米饭焖多了的烦恼。

主料

鸡腿肉................50g
南瓜....................50g
干香菇...............3 朵
扁豆..............1 小把
大米.................100g

辅料

大葱.....................5g
姜.........................3g
盐.........................2g
绵白糖................3g
油.....................适量

烹饪秘籍

如果有时间，最好将大米提前浸泡 10~20 分钟，可以缩短炖饭的时间，也更易入味。

炖饭的水量要略多于焖米饭的水量。做好的炖饭以米粒吸饱汤汁且浸在少量汤汁中为宜。炖饭期间可翻动几次食材，以免煳锅。

也可将南瓜直接切片在第 6 步中放入锅中。

营养贴士

· 用炒蘑菇加上适量清水做出的炖饭也很美味。
· 炖饭中已包含了大部分营养素，如果加一份凉拌海藻或白灼青菜，营养更加全面。

做法

1. 干香菇用流动水冲净，用凉水泡发约 1 小时。

2. 鸡腿肉去骨后用流动水冲净表面杂质，切成小块；南瓜蒸熟后碾成泥；香菇改刀成小块；扁豆洗净后择去两头尖部和老筋，用手掰成小段。

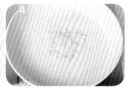

3. 葱和姜分别切末；大米淘洗干净。

4. 炒锅中放入少许油，待油温五成热时，放入葱姜末爆香。

5. 然后放入鸡肉翻炒至变色。

6. 再放入香菇、扁豆、南瓜泥、大米、盐和绵白糖，翻炒均匀。

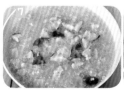

7. 倒入高出食材表面约 2.5cm 的开水，大火煮沸。

8. 转小火，盖上锅盖炖 15~20 分钟即可。

豆腐大阪烧

20分钟

简单

特色 孩子总是对外来的菜式有着浓厚的兴趣，其实这些菜肴在家里制作也很方便，同时还可以变换食材，让营养搭配更均衡。像这道大阪烧，用豆腐代替部分面粉，增加了植物蛋白的摄入，同时保留了海苔丝的部分，保证了海产品特有营养物质的摄入。

主料

北豆腐.............. 60g

海虾.............. 4~5 只

鸡蛋.................. 1 枚

圆白菜.............. 80g

面粉.................. 50g

辅料

盐...................... 2g

照烧酱.............. 适量

海苔丝.............. 适量

油...................... 适量

烹饪秘籍

如果觉得圆白菜丝不易整理成圆饼状，也可以切成圆白菜碎末。

选择北豆腐是因为其含水量较低，易整理出形状。如家中只有嫩豆腐或南豆腐，可酌情增加面粉的用量。

照烧酱可以在网上买到，也可以用烧烤酱或孩子喜欢的酱料代替。

营养贴士

如果当天运动量较大，可酌情增加一片奶酪。

圆白菜的钙含量十分丰富，能促进孩子骨骼的发育。除此之外，维生素A、磷、赖氨酸和色氨酸的含量也很高，对孩子的身体发育也非常有益。

做法

1. 海虾去头去壳，清除虾线，用流动水冲净杂质后备用。

2. 圆白菜洗净，切成长度为 3~4cm 的细丝。

3. 将北豆腐碾压成泥，并加入全蛋液拌匀。

4. 再把圆白菜丝、北豆腐和面粉混合，并加入盐拌匀。

5. 平底锅中倒入少许油，待油温五成热时，放入混合好的食材，并调整成圆饼状。

6. 小火加热圆饼至半熟，将虾仁压入。

7. 继续保持小火，将圆饼煎至完全成熟。

8. 表面涂少许照烧酱，撒上海苔丝即可。

黄金发糕

45分钟 | 简单

（不含发酵时间）

发酵食物易于消化，晚餐食用不会给肠胃增加负担。不仅如此，发酵食物较未发酵食物含有更多的蛋白质、硒、铬等。发酵食物也可冷冻保存，食用时无需解冻直接蒸透，便于操作。

特色

主料

南瓜..................300g

面粉..................220g

枸杞....................10g

坚果....................15g

辅料

麦芽糖................15g

酵母......................3g

做法

1. 南瓜洗净，去皮，切成小块，用微波炉高火加热 8 分钟至南瓜软烂。

2. 南瓜碾压成泥，加入麦芽糖、酵母粉和面粉。

3. 南瓜碗内少量多次加入清水，调成湿软的面糊。

4. 模具中刷一层油，将面糊倒入模具中，盖上保鲜膜，静置于室温下发酵至两倍大。

5. 枸杞洗净后用清水浸泡 10 分钟，然后与坚果一同平均分布按压在面糊表面。

6. 将模具放入蒸锅，上汽后转中小火蒸 20 分钟，关火后再闷 5 分钟即可。

烹饪秘籍

要根据南瓜的含水量来调整清水的用量，或者直接用蒸南瓜时析出的水来和面。

蒸好的发糕切成小块后，可放在冰箱的冷冻室保存，吃的时候用蒸锅蒸 5~8 分钟，无须解冻。

营养贴士

除了发酵面食之外，其他发酵食物对孩子的身体发育有同样的好处。如：

·谷类发酵食物：甜面酱、米醋、酒酿等。

·豆类发酵食物：味噌、豆豉等。

·乳类发酵食物：酸奶、奶酪类。

PART 4

滋润养身
汤粥餐

汤粥的菜式在晚餐中尤为重要。孩
子身体健康的基础是脾胃健康，脾
胃调理好了，摄入的营养才能够得
以吸收。清淡的汤粥是脾胃最喜欢
的，家长可以根据季节、孩子的身
体情况和口味，选择不同的汤粥来
调理孩子的身体。

一份谷物粥 + 一份蛋白质菜式和青菜 + 少量主食

 +  +

山药大米粥　　　　**照烧三文鱼**　　　　**菇香包子**

一份咸粥 + 一份青菜 + 少量主食

 +  +

滑蛋肉末粥　　　　**五彩藕片**　　　　**黑芝麻核桃枣糕**

一份汤 + 一份蛋白质菜式和青菜 + 一份主食

 +  +

韩式海带汤　　　　**鱼子炒蛋**　　　　**黄金发糕**

百合银耳粥

40分钟 简单

（不含泡发时间）

百合和银耳都是白色的食物，都有润肺去燥的功效，以前通常在秋天食用，以去除身体中的秋燥。就现在污染越来越严重的空气而言，不妨把白色食材安排在日常菜单中定期食用，以增加肺部的抵抗力。

主料

鲜百合...............半头

银耳.................1/4 朵

莲子.................10 粒

大米....................60g

烹饪秘籍

如果孩子不喜欢银耳的口感，可在泡发之后用剪刀剪成碎末，更易煮化、煮软糯，口感更好。

泡发银耳不要用温水或开水，以免营养流失。

营养贴士

原产地为兰州的百合营养价值较高，润肺养肺的效果也较好，采买时要选择根蒂带土的百合。与干百合相比，新鲜百合的营养价值要高出许多。

特色

做法

1. 银耳用水冲净后，再用清水泡约40分钟，然后撕成小朵。

2. 大米和莲子用流动水冲洗后，放在容器中浸泡 10~20 分钟。

3. 鲜百合削去根部，用手轻轻掰成片状后，用流动水冲掉表面杂质。

4. 煮锅中倒入适量清水，大火煮至沸腾后放入大米和莲子。

5. 再次沸腾后转小火，盖上盖子煮30分钟。

6. 放入鲜百合，继续煮 3 分钟后关火。

燕麦南瓜粥

30分钟　　简单

（不含浸泡时间）

谷物是煮粥时经常用到的食材。谷物中营养价值较高的是燕麦米，在给孩子煮粥时，不妨加一把燕麦米。

主料

南瓜..................150g
大米..................40g
燕麦米..............20g

烹饪秘籍

燕麦米营养丰富，但不易消化，如果有时间的话最好放冰箱冷藏室中浸泡整夜。

挑选南瓜时，尽量选薄皮南瓜，充分洗净后连皮一同烹饪，能摄入更丰富的营养。

做法

1. 燕麦米提前用清水浸泡4小时后淘洗干净。
2. 大米用流动水冲洗一遍，然后用清水浸泡20分钟。
3. 南瓜洗净后切成小丁。
4. 煮锅中倒入适量清水。
5. 沸腾后将所有食材放入。
6. 再次沸腾后转小火，盖上锅盖煮25分钟即可。

营养贴士

· 孩子的肠胃功能较弱，不宜频繁食用不好消化的谷物，通常一周2次即可。
· 为孩子制作谷物时，可采用粗粮细做的方法，磨成米糊，压成泥或充分浸泡煮粥。
· 除了燕麦米之外，小米、黑米、玉米面、南瓜、红薯、紫薯等，都很适合孩子食用。

滑蛋肉末粥

30分钟　　简单

（不含腌制和浸泡时间）

特色 对不爱喝白粥的孩子，可以用有咸鲜口味的肉粥来刺激他的食欲。做肉粥时，尽量用脂肪含量较少的肉类，以免粥的口味过于油腻；同时，用一些有清香味道、可去除肉类腥气的蔬菜来搭配，如香芹、香菇等，出锅时再搭配香葱末丰富口感。

主料

牛肉馅..............30g
胡萝卜..........1/3 根
鸡蛋..................1 枚
大米..................30g

辅料

香葱..................10g
姜片..................2 片
盐......................2g
白胡椒粉..........3g

烹饪秘籍

孩子的饮食要尽量清淡，只需在腌制肉末的时候调入少许盐，之后的操作中就不需加盐了。

做肉粥的时候，提前将肉类做去腥味处理。在米粥熬煮至后半程时将肉类放入，这样操作可以保证肉质滑嫩，且粥香与肉香也可以很好地融合。

营养贴士

有些妈妈在给孩子煮肉粥时，喜欢用菠菜或西蓝花搭配，如果孩子喜欢这两种食材，要提前用开水焯去草酸，再放入粥中。

做法

1. 牛肉馅用姜片、白胡椒粉和盐腌 20 分钟。
2. 大米用水淘洗干净，然后用清水浸泡 20 分钟。
3. 胡萝卜切成细丝，香葱切末，鸡蛋打散成蛋液。
4. 煮锅中放入适量清水，水沸腾后放入大米。

5. 锅内水再次沸腾后盖上盖子，小火煮 20 分钟。
6. 放入胡萝卜丝和牛肉馅，小火继续煮 5 分钟。
7. 倒入蛋液，迅速搅散后关火。
8. 最后撒上香葱末即可。

鲜虾香芹粥

30 分钟　　简单

（不含腌制和浸泡时间）

特色　除了肉粥，海鲜粥也是变换口味的好选择。最适合家里储存的海鲜就是虾。数量不多的几只虾，解冻起来也很省时间。口感略稠的海鲜粥比较好喝，通常大米和水的比例为 1 ：5。海鲜的脂肪含量都很低，为了让粥的口感不寡淡，加 1 汤匙油口感会更润。

主料

海虾.............. 4~5 只
香芹..................... 10g
大米.................... 60g

辅料

油...................... 80ml
白胡椒粉............. 3g
盐......................... 1g

✦✦ 烹饪秘籍 ✦✦

多熬出来的虾油放在冰箱冷冻室中可保存1周左右，拌面、拌凉菜时放入可提升菜品鲜度。

营养贴士

· 海鲜的蛋白质含量都很高，晚上食用要控制好分量，不宜过多。

· 同一餐的搭配中，也要减少肉类的摄入，以免蛋白质含量过多，给肠胃增加负担。可搭配1份主食和1份青菜，或者把青菜直接放进粥里。

做法

1. 大米洗净，用清水浸泡20分钟。

2. 海虾去头、去皮、去虾线后洗净，虾仁用姜片腌10~15分钟，虾头保留备用。

3. 香芹洗净，切成碎末。

4. 煮锅中倒入适量清水，沸腾后将大米放入。

5. 再次沸腾后盖上盖子，转小火继续煮制。

6. 炒锅中倒入适量油，待油温三成热时，将虾头放入转小火慢慢煎出虾油，虾头丢弃不要。

7. 将2汤匙虾油倒入粥锅中，继续用小火煮10~15分钟。

8. 放入虾、香芹末、盐和白胡椒粉，继续煮2分钟即可。

五彩蔬菜粥

30 分钟　简单

（不含浸泡时间）

如果晚餐中有口味较厚重的肉类菜式，可搭配膳食纤维含量较多的蔬菜粥。一是可以增加膳食纤维的摄入量，帮助消化；二是可以为身体补充水分，防止积食或便秘。

主料

玉米粒...............30g
鲜香菇...............4 朵
油麦菜...............50g
胡萝卜...............20g
大米...............50g

辅料

盐........................2g

烹饪秘籍

煮蔬菜粥时，食材可以根据喜好随意调整，但是请不放或提前焯制草酸过高的食材，如菠菜、草菇等。

特色

做法

1. 大米洗净后用清水浸泡 20 分钟。
2. 鲜香菇、油麦菜和胡萝卜分别洗净，切成小粒。
3. 煮锅中倒入适量清水，沸腾后将香菇粒和大米放入。
4. 再次沸腾后，盖上盖子小火煮 15 分钟。
5. 然后放入玉米粒和胡萝卜继续煮 3 分钟。
6. 最后放入油麦菜和盐，继续煮 1 分钟后关火即可。

营养贴士

·蔬菜粥可以煮得略稀一点，大米和清水的比例约为 1：7。
·青菜中的部分维生素遇热容易被破坏，要在最后一步放。

鸭腿冬瓜汤

1.5 小时　简单

夏季的重点功课就是防暑、去湿和补水了，薏米、鸭腿和冬瓜简直就是夏日餐桌的最佳搭档。用小火熬煮成清爽口感的汤水，滋润孩子贪吃冷饮的肠胃。

特色

主料

鸭腿..................1个
冬瓜..................100g
薏米..................30g

辅料

姜......................5g
大葱..................5g
香菜末.............适量

烹饪秘籍

鸭腿腥味较重，焯制后如表面有浮沫残留，要用水冲净。炖汤时如有血沫析出，也要随时撇净，以保证鸭汤味道清爽。

营养贴士

· 除了冬瓜之外，白萝卜、莲藕、玉米等耐煮的蔬菜也是与鸭肉搭配煮汤的好食材。
· 用烤鸭架煮汤，可以增加鸭汤的香气，同时鸭肉的寒性属性在烤制的过程中也有一定的缓解。

做法

1. 薏米洗净，浸泡在凉水中备用。

2. 冬瓜去皮，切成小块；大葱洗净，切成段；姜洗净，切片。

3. 鸭腿洗净去皮，用沸水焯制2分钟，捞出。

4. 另取一煮锅倒入适量清水，放入鸭腿、薏米、姜片和葱段，大火煮开后盖上锅盖，转小火慢炖约1小时。

5. 放入冬瓜块，继续炖10~15分钟。

6. 加入盐调味，关火后撒上香菜末。

鲜虾蛋饺小暖锅

特色 冬日的晚上吃一顿暖暖的蛋饺锅，能驱散身体里一天的寒气。蛋饺可以在空闲时提前做出来冷冻储存。虾也是易保存的食材，再加上几棵青菜，十几分钟后鲜美的蛋饺锅便能上桌，再搭配1小份其他主食，营养满满！

主料

牛肉馅.............. 50g
北豆腐.............. 50g
胡萝卜.............. 20g
鸡蛋................ 2 枚
海虾................ 2 只
鲜香菇.............. 1 朵
胡萝卜.............. 10g
小油菜.............. 2 棵
面条................ 80g

辅料

葱末................ 10g
姜.................. 3g
油.................. 1 汤匙
淀粉................ 5g
盐.................. 2g

烹饪秘籍

如果蛋液凝固较快，也可在蛋饺边缘涂一层水淀粉封口。

淘宝上售卖的做蛋饺的工具，做出来的蛋饺大小一致，外形很漂亮。

蛋饺一次可多做出一些，放入冰箱冷冻室保存。吃的时候，蒸制或煮制 7~8 分钟即可。

营养贴士

虾、鸡蛋和肉馅都是含有优质蛋白的食材，可以选择白天肉类摄入较少时食用这道菜。同时，可适当增加蔬菜的分量，汤水可以做得更丰富一些。

做法

1. 胡萝卜洗净擦成细丝后剁成末，北豆腐碾碎成末，一同加入牛肉馅中拌匀待用。鸡蛋打散成蛋液，并加入淀粉搅拌均匀。

2. 平底锅抹一层油，倒入一勺蛋液，并旋转锅身使蛋液呈圆形。

3. 保持小火，待底面蛋皮开始凝固时，将适量肉馅放在蛋皮一侧。

4. 同时，将另一侧蛋皮轻轻掀起对折，用尚未凝固的蛋液将蛋饺封口。依照此方法，逐个将蛋饺做好。

5. 海虾洗净去皮剔除虾线，用刀从虾背部横向剖至虾身的一半。

6. 香菇洗净去蒂，顶部划十字花刀。胡萝卜洗净切片，用模具切成小花。小油菜洗净。

7. 煮锅中倒入适量清水，待水沸腾后，将面条、蛋饺、胡萝卜和香菇均放入锅中，中小火煮约 5 分钟或至面条九成熟。

8. 放入虾仁和小油菜，煮 1 分钟至虾仁变红且小油菜颜色变深，最后放入盐关火。

三文鱼骨豆腐汤

20 分钟 　 简单

三文鱼骨具有与三文鱼肉相同的营养素，且钙含量略高一些，如果孩子不喜欢三文鱼的味道，家长可尝试用三文鱼骨做汤，来补充深海鱼类的营养素。

特色

主料

三文鱼骨...........2 块
日本豆腐..........100g
海带结..........3~4 个

辅料

香葱......................5g
油......................适量

烹饪秘籍

海带结和三文鱼骨中均有盐，不用再加盐调味。

也可用干燥的裙带菜来代替海带结，关火后放入即可。裙带菜与海带结营养成分相近，更容易保存。

小知识

日本豆腐是豆腐吗？
无论是从工艺还是从原材料上说，日本豆腐和中国豆腐都有明显的区别。日本豆腐是以鸡蛋为主料，加上用植物、鱼干或菌类熬成的鲜汤制成，里面并没有豆类，与鸡蛋羹的营养类似。

做法

1. 三文鱼骨用流动水冲净表面杂质。
2. 日本豆腐切成2cm 见方的小块，海带结洗净，香葱切成末。
3. 炒锅中倒入少许油，待油温五成热时，放入三文鱼骨煎至两面金黄。
4. 倒入开水，大火煮开后转中小火。
5. 放入豆腐块和海带结，继续煮 3~5 分钟。
6. 关火后撒上香葱末即可。

寿喜烧

15分钟　简单

日本的寿喜烧汤头清爽微甜但不寡淡，蔬菜的种类很多，肉类较少，非常适合作孩子晚餐的膳食。寿喜烧的汤底用几种简单的调料就可以调好，也可以在日本超市或网上直接购买寿喜烧的汤底。

特色

主料

肥牛片	50g
北豆腐	50g
鲜香菇	4朵
金针菇	1小把
茼蒿	100g

辅料

大葱	半根
日式酱油	100ml
麦芽糖	2汤匙

烹饪秘籍

通常情况下，日本人会用一枚生鸡蛋当作寿喜烧的蘸汁。将寿喜烧给孩子当晚餐直接食用，不用蘸汁也可以。

做法

1. 把日式酱油、麦芽糖和100ml水混合在容器中，搅拌均匀。

2. 北豆腐切1cm左右厚的片状；鲜香菇去蒂，在表面切十字花刀。

3. 金针菇洗净，切去老根；茼蒿洗净；大葱斜刀切成葱丝。

4. 取一浅口锅，将调好的酱汁倒入锅中，煮开。

5. 放入除肉类外的所有食材，煮开。

6. 放入肥牛片，涮至变色即可食用。

营养贴士

寿喜锅中包含了肉类、蔬菜、豆腐和菌类，食材种类已经很丰富，再搭配1小份米饭即可满足晚餐的营养需求。

什锦面片汤

25分钟　简单

（不含和面时间）

几乎每位爸爸妈妈小时候都喝过面片汤吧，尤其是前一天包饺子剩下饺子皮的时候，更是会做面片汤吃。加上点青菜、菌类和鸡蛋，就成了快手又营养的"一锅出"！

主料

番茄..................100g
干木耳..................5g
鸡蛋..................1枚
荷兰豆..........1小把
饺子皮..............2个

辅料

大葱..................5g
盐..................2g
香油..................适量
油..................适量

烹饪秘籍

孩子晚餐的膳食需要好消化且多汤水，在煮面片时，水量可较平时多一些。

营养贴士

与新疆菜式中的"炒面片"的面片厚度相比，饺子皮的厚度更适合给孩子吃，更容易消化。用饺子皮做面片汤也缩短了烹饪的时间。如果没有现成的饺子皮，也可以做成面疙瘩汤，省时省事。

特色

做法

1. 干木耳用流动水冲净表面杂质，然后浸泡在凉水中泡发约1小时。
2. 番茄去皮切块，鸡蛋打散成蛋液，荷兰豆洗净择去老筋，饺子皮擀薄后切成四片，大葱切成末。

3. 炒锅中倒入少许油，待油温六成热时，倒入蛋液并迅速划散，待凝固且出香味后盛出。
4. 炒锅中留底油，将大葱放入煸出香味。

5. 然后放入番茄和盐，煸炒至析出汤汁。
6. 倒入鸡蛋、木耳和没过食材的开水，大火煮开。

放入面片和荷兰豆，改中小火将面片煮熟。吃的时候淋上香油即可。

PART 5

功能满分营养水

孩子的日常饮水还是以40℃左右的凉开水为主。纯净水没有任何营养，不要给孩子长期饮用。在孩子出现身体不适或季节交替时，可以煮一些有功能的营养水代替一部分白开水。在日常喝水的同时，预防季节性小病的发生。

孩子在生病期间饮食注意事项：不要吃肥甘厚腻、煎炸烧烤、生冷冰凉（包括凉性和热性水果）、含有食品添加剂的零食和食品；感冒咳嗽时尽量少吃肉、蛋、奶、水产品、甜食，少喝饮料。

可以制作营养水的食材

止咳化痰

薄荷叶

养肺

陈皮

去火

鲜百合

退烧解暑

山楂　消食

"三豆"

雪花梨

预防感冒

润肺

紫苏

去秋燥

藕

病毒性感染或者细菌感染引起的咳嗽症状，用陈皮泡水当日常饮水便可缓解。除此之外，陈皮也有很好的化痰作用。

化 痰 止 咳

陈皮水

30 分钟 | 简单

主料

陈皮.................... 5g
清水............... 500ml

 烹饪秘籍

广东新会的陈皮药效最好，年份越久功效越好。

陈皮用沸水浸泡也是可以的。

 营养贴士

除了化痰止咳，陈皮还有缓解食欲不振或者消化不良的作用。

橘子皮要经过晒干炮制，并至少放置一年后才是陈皮，才具有理气、健胃和化痰的作用。

做法

1. 陈皮用流动水洗去表面杂质。

2. 用手将陈皮撕成小块放入容器中。

3. 倒入清水，煮 10 分钟左右。

4. 关火闷约 10 分钟后，放温饮用。

清凉去火
薄荷水

特色 夏天喝一杯凉凉的薄荷水，既清爽消暑又可以增加食欲。同时还有帮助消化和缓解咽喉肿痛的作用。

30分钟 ｜ 简单

主料

柠檬...................2 片
鲜薄荷叶...........6 片
开水...............500ml

营养贴士

薄荷水性凉，只适合在炎热的夏季饮用，并且不可长期饮用，如果出现腹胀、腹痛等症状，要及时止饮。

烹饪秘籍

薄荷中的营养物质多属挥发性物质，用开水沏泡可以更好地将其溶出。

做法

1. 柠檬表面用盐搓净，再用流动水洗净，然后切成薄片。
2. 薄荷叶用流动水冲去表面杂质。
3. 将柠檬片和薄荷叶放入杯中。
4. 倒入开水闷制，放温后即可饮用。

百 合 水

1 cup of gratitude

百合最主要的功效就是清肺止咳，除此之外还具有安神养心的作用。经常饮用百合水，可以达到养肺清肺的效果，以抵抗越来越严重的空气污染。

30分钟 | 简单

主料

鲜百合.............1头
清水.............800ml

烹饪秘籍

兰州产的鲜百合质量较好，且个头越大越饱满越好。鲜百合不易保存，带根带土放在冰箱冷藏室中可保存 3~4 天。

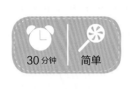

营养贴士

经常饮用百合水，可以减少皱纹，令皮肤白嫩，缓解支气管病等病症的症状，还可以辅助治疗神经衰弱等，对全家各年龄段人群均有好处。

做法

1. 鲜百合切去根部，用手轻轻地一片片剥开，再用水清洗干净。
2. 小锅中放入适量清水。
3. 将百合放入清水锅中。
4. 小火加热至沸腾后关火，水晾凉至 40℃后便可饮用。

感冒初期神仙水

紫苏水

特色

感冒初期时，用紫苏叶煮水并服用，可以控制病情的发展。紫苏叶有散寒的作用，发汗能力较强，搭配陈皮效果会更明显。

20分钟 | 简单

主料

鲜紫苏叶.........20 片
清水..............1000ml

营养贴士

感冒初期饮用并连喝三天，可以有效驱除身体中的寒气，达到控制感冒发作的目的。紫苏叶水一定要饭后饮用，便于孩子发汗。

烹饪秘籍

紫苏可以自己在家种植，药房也有干紫苏出售。干紫苏叶需要浸泡至叶片变软并用干净清水煮制。通常成年人一次用干紫苏的量为 6g，五岁左右儿童每次用 3g。如果孩子咳嗽，可搭配陈皮一起煮水或泡水喝。

做法

1. 新鲜紫苏叶用流动水洗净表面杂质。

2. 小锅中放入适量清水，水凉时将紫苏叶放入。

3. 盖上锅盖大火煮开，转小火煮约 3 分钟。

4. 关火后继续闷 8 分钟，水温至 40℃ 左右即可饮用。

解暑退烧名方

三豆饮

🕐 1.5 小时 | 🍭 简单

（不含浸泡时间）

特色

"三豆饮"出自春秋战国时期著名医学家扁鹊的名方，有治疗孩子热性感冒的作用和一定的退烧功效，对农历五月高发的小儿疱疹性咽峡炎和手足口病有一定的缓解和治疗作用。夏季给孩子用"三豆饮"代替饮料，对身体非常有益，还可以清热解毒、健脾滋肾。三伏期间喝效果最好，可以一直喝到处暑。

主料

赤小豆................ 50g

黑豆.................. 50g

绿豆.................. 50g

清水.............. 1000ml

烹饪秘籍

豆子可以提前放入冰箱冷藏室浸泡一夜，以缩短煮豆时间。

做法

1. 将三种豆子洗净，在清水中浸泡至少1小时。
2. 煮锅中放入适量清水，将豆子放入。
3. 大火煮开后转小火，盖上锅盖继续煮1小时或至豆子开花。
4. 晾凉至40℃后，将汤和豆子一起食用。

营养贴士

· "三豆饮"当日煮当日喝，不要隔夜，隔夜后效果会大大减弱。

· 以前老方子用赤小豆、黑豆和绿豆三种豆子，现在的"三豆饮"配方经过改良，可以将赤小豆改为更加平和的黄豆。

PART 6

强壮骨骼 补钙餐

想让孩子的骨骼更加强壮，补钙是第一步。骨骼中存储了身体中大部分的钙质，就像个钙"仓库"。钙不仅能使骨骼和牙齿变得强健，还能促进神经和肌肉功能的发育。乳制品、水分少的豆制品、坚果和海鲜都是含钙丰富食物。孩子缺钙通常会出现腿软、抽筋、烦躁、精力不集中、容易疲倦、牙齿发育不良、蛀牙等现象。如有上述情况出现，除了在膳食上为孩子增加可补充钙的食材，也要及时请教医生是否需要添加钙质补充剂。

强壮骨骼这样吃

重要营养素	富含重要营养素的食材
钙	奶制品、鱼、海带、芝麻酱、豆制品
维生素D	海鱼、肝脏、蛋黄
蛋白质	蛋类、海鲜、奶制品
镁	紫菜、全麦食品、杏仁、花生、菠菜
钾	香蕉、西瓜、紫菜、橘子、土豆、山药、海藻类
维生素K	绿叶蔬菜

还要这样做···

- 多晒太阳。
- 多进行户外运动。
- 少吃含糖、含盐量高的食物和菜式，以免影响骨骼发育。

骨骼"支撑者"

珧柱鲜虾羹

⏰ 20分钟 | 🍭 简单

（不含浸泡时间）

在给孩子准备晚餐时，可根据脂肪、蛋白质含量或消化吸收率对含钙量高的食物进行选择，并结合孩子当天的活动情况酌情搭配。晚餐宜选择用脂肪含量低、含钙量高且消化吸收率高的虾贝来做汤羹的菜式。

特色

主料

虾仁..................4 只
嫩豆腐.............. 80g
南瓜.................. 200g
珧柱..................5 个

辅料

香葱...................1 根
盐.........................1g

烹饪秘籍

珧柱主要用于提鲜，而且质地干燥便于保存，做汤、羹或咸粥时放入几粒可以大大增加菜品的鲜度。同时由于其钙含量也很高，因此是不错的补钙食材。虾仁要最后放，且不宜长时间煮制，以免虾肉质变老。

做法

1. 珧柱用流动水冲去表面杂质，在清水中浸泡约 30 分钟。

2. 南瓜洗净切成小块，用微波炉高火加热 5 分钟，然后碾压成泥。

3. 嫩豆腐切成小块，虾仁洗净后做开背处理，香葱洗净切末。

4. 将南瓜泥、泡好的珧柱和豆腐块放入煮锅中，并倒入南瓜一半量的清水，用中火煮开。

5. 然后放入虾仁，变色后再加热约 1 分钟。

6. 放入盐调味，出锅时撒上香葱末。

营养贴士

本书适用年龄段的孩子钙的摄入量建议为 800~1200mg/天。一杯牛奶的钙含量约为 300mg，100g 虾的钙含量约为 33mg。通常来说动物性食材的消化吸收率要高于植物性食材，家长可根据每日孩子摄入的食材总量粗算出钙的摄入量是否达标，做到心中有数。

甜玉米鸭肝粥

30分钟 | 简单
(不含浸泡时间)

知识 摄入了足够的钙质之后,提高身体对钙质的吸收率是强壮骨骼的第二步,维生素D就能起到协助作用。补充维生素D能促进肠道对钙的吸收,减少肾脏对钙的代谢,让更多的钙质补充到骨骼中去。深海鱼、动物肝脏、蛋黄、乳制品中的维生素D含量较多。

主料

大米..................30g
甜玉米.............半根
鸭肝..................1个

辅料

盐........................ 2g
姜片....................3 片
白胡椒粉............2g

烹饪秘籍

焯鸭肝时凉水下锅，是为了在加热的过程中，把鸭肝中的杂质更好地析出；把鸭肝切成小块再焯制，可以将杂质排出得更充分。如果有血沫，需要将血沫撇掉，或把鸭肝表面冲洗干净。

营养贴士

肝脏中含有帮助钙质吸收的维生素D，及保护眼睛的维生素A。肝脏具有补血和排毒的功效。

适龄儿童每周食用肝脏类食材1~2次为宜，每次分量控制在15~20g。

做法

1. 鸭肝洗净去除筋膜后，切成小块，用清水充分浸泡 4 小时以上，中途可反复更换干净的清水。

2. 大米用清水提前浸泡 1 小时。

3. 甜玉米去皮后，将甜玉米粒剥下来，剁成碎粒备用。

4. 泡好的鸭肝用流动水反复冲洗直到没有血水，再用白胡椒粉和姜片腌制片刻。

5. 煮锅中倒入适量清水，水沸腾后倒入大米和玉米粒。

6. 大火煮开后转小火，盖上盖子煮 15 分钟。

7. 另取一煮锅，水凉时将鸭肝放入，大火煮沸直至将鸭肝焯熟透。

8. 将焯好的鸭肝倒入粥锅中，放入盐调味，继续煮 5 分钟即可。

滑蛋牛肉饭

30分钟 | 简单

（不含腌制时间）

特色 牲畜肉、禽肉的钙含量并不高，这道菜可以达到强壮骨骼目的的原因是鸡蛋和牛肉中含有丰富的优质蛋白。骨骼中的蛋白质含量大约为22%，足量的蛋白质可以令骨骼结实有韧性。

主料

牛里脊..............50g

鸡蛋..................1枚

米饭..................1碗

辅料

盐......................2g

水淀粉..........1汤匙

油..................1汤匙

香葱.................适量

★★ 烹饪秘籍 ★★

本道菜用到的嫩肉方法的原理是先用盐将肉类本身的水分渗出，然后再把可以令肉类口感更嫩滑的水淀粉和蛋清抓入肉的组织中，最后用油封住肉的表面以锁住水分。猪、牛、羊肉都可以用此方法进行嫩肉的操作。切不可用市场上的嫩肉粉，它对孩子肠胃有腐蚀作用。

🍴 营养贴士

孩子对蛋白质的需求比成年人大。本书的适龄儿童每日蛋白质摄入量为，按体重计算3g/kg。一杯牛奶蛋白质含量为9~10g，一个鸡蛋白质含量约为10g，每100g牛肉蛋白质含量约为20g。

现在孩子的蛋白质摄入量通常都是达标或超标的，家长一定要根据每个孩子的生活习惯特点，合理搭配膳食。

做法

1. 鸡蛋磕到碗中不打散。

2. 牛里脊逆纹理切成薄片放入容器中，先放入一半的盐，用手抓至肉片渗出水分并将水倒出。然后舀入1汤匙蛋清和水淀粉，继续用手抓2~3分钟至肉片起黏性，最后倒入1汤匙油抓匀。

3. 处理好的牛肉片用保鲜膜封好，放入冰箱冷藏室中腌制30分钟左右。

4. 剩余的鸡蛋液也用保鲜膜封好，放入冰箱冷藏室中，待制作时再取出。

5. 香葱洗净切成末，与鸡蛋液混合并搅打均匀，并放入剩余的盐。

6. 炒锅中倒入少许油，待油温五成热时，放入牛肉片迅速滑散，变色后立刻盛出。

7. 炒锅中留底油，待油温六至七成热时将鸡蛋液倒入，同时倒入炒好的牛肉片和香葱末。

8. 待蛋液即将凝固时，将滑蛋牛肉铺在盛好的米饭上即可。

韩式海带汤

30分钟 | 简单

除了蛋白质之外，镁元素和钾元素也是骨骼发育必不可少的营养素。镁元素在新骨的形成中起到了很重要的作用，钾元素对骨骼的生长和代谢的作用也不容小视。摄入足量钾元素，还可以降低成年后患肾结石和骨质疏松的风险。常见食材中，同时具备这两种营养素且含量较高的当属海藻类食材，如海带、紫菜、裙带菜等。

主料

海带...................100g
牛里脊................. 50g

辅料

大蒜.............. 3~4 瓣
盐...................... 2g
油...................... 适量

烹饪秘籍

每个人喜欢的海带的口感不同，煮汤的时间也要相应调整，但至少要煮够 15 分钟，以确保将海带中的鲜味煮出来。

也可以用干燥的裙带菜来代替海带。食材更易保存和使用，还能大大缩短煮制的时间。按实际食用量相比，两者营养成分差距并不明显。

特色

做法

1. 牛里脊逆纹路切成薄片。

2. 海带洗净，切成片状；大蒜切片，备用。

3. 炒锅中倒入少许油，放入一半蒜片爆香。

4. 放入牛里脊片和海带翻炒 2 分钟至出香味。

5. 倒入适量开水，大火煮开转小火煮 15 分钟。

6. 加入盐和剩余的蒜片，再煮 1~2 分钟关火。

营养贴士

我国山东威海地区出产的海藻类食材质量和口感都非常好，如果有条件，可以按地区进行采买。干燥的裙带菜，新鲜状态时就是海藻，超市中可以买到调好味道密封好的海藻凉拌菜，但里面有很多的添加剂成分，并不建议购买和食用。推荐购买干燥的裙带菜，遇热水很快便能泡发，在家做汤或做成凉拌菜食用更放心。

骨骼"助推剂"

腐竹香菇烧豆腐

🕐 12分钟 | 🍭 简单

（不含泡发时间）

维生素 C 不能直接促进钙的吸收，但如果维生素 C 摄入不足的话，已补充的钙质和维生素 D 都达不到理想的吸收效果。故维生素 C 在使骨骼变强韧的过程中也起到非常重要的作用。彩椒是维生素 C 含量较高的蔬菜之一。

特色

做法

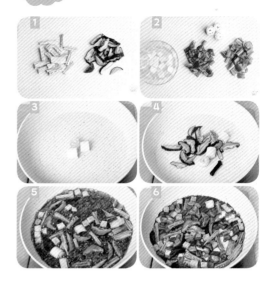

1. 腐竹洗净后用凉水泡发，然后切成小段。干香菇洗净泡发后切成片状。

2. 北豆腐切成小块，泡在淡盐水中备用。红彩椒和青椒均去籽、切块状，大葱切成葱段。

3. 炒锅中倒入少许油，待油温五成热时，放入葱段煸炒出香味。

4. 然后放入香菇，翻炒出香味。

5. 放入北豆腐块、腐竹、蚝油、生抽和绵白糖，同时放入约为食材一半高度的清水，轻轻翻炒均匀后小火煮 3~5 分钟。

6. 最后放入红彩椒和青椒，翻炒至断生且汤汁略有减少时关火即可。

主料

腐竹	30g
北豆腐	30g
干香菇	3~4 朵
红彩椒	半个
青椒	半个

辅料

大葱	5g
蚝油	1 茶匙
生抽	1 茶匙
绵白糖	1 茶匙
油	适量

烹饪秘籍

红彩椒和青椒中维生素 C 含量都非常丰富，但因持续高温烹饪会造成维生素 C 的大量流失，所以要尽量减少炒制的时间。

将北豆腐泡在淡盐水中，是为了让豆腐紧致不易散。

营养贴士

常见的含维生素 C 较多的食材有新鲜的枣类、彩椒、猕猴桃、荔枝、芒果等。

值得一提的是新鲜的枣和沙棘才有丰富的维生素 C，经过干燥处理或制成饮料后，维生素 C 几乎消失殆尽。

PART 1

气色红润
补铁餐

铁元素是孩子身体发育过程中不可或缺的营养元素。缺铁会导致孩子出现身高和体重发育迟缓、注意力下降、记忆力减退、智力发育缓慢、爱发脾气、易生病等等症状。

补铁食物排行榜

No.1
动物血

No.2
肝脏

No.3
瘦肉

补铁食材的好搭档

猕猴桃

鲜枣

彩椒

番茄

补铁的误区

大枣补铁吗？

有些植物食材的铁含量也很丰富，比如大枣、菠菜、芹菜等等，但其中所含的为植物铁。身体对植物铁的吸收率要远远低于动物食材中的铁元素，在选择补血功能食材时，首先要选择动物性食材。

用铁锅炒菜补铁吗？

身体对铁锅中的铁元素的消化吸收率不高，用铁锅炒菜并不能达到补铁的目的。

鸭血豆泡汤

⏰ 75分钟

✴ 简单

特色 动物血的补血功能较好，更具体来说，鸭血是所有补血食材中铁元素含量最高的。用鸭血来做晚餐的菜式，不妨来一碗鸭血豆泡汤。把外面餐厅中的鸭血粉丝汤，换成自家的鸭血豆泡汤，避免食用粉丝中对身体有害的添加剂，豆泡还可以适当补充植物蛋白。

主料

鸭血................1盒
豆泡................10g
菠菜..............150g

辅料

鸭骨架............1个
大蒜................4瓣
盐..................2g
白胡椒粉........1茶匙
醋................2茶匙
香菜..............适量

烹饪秘籍

鸭汤可以提前煮好，用保鲜袋按每次食用的分量分装好，放在冰箱的冷冻室里保存。用的时候无须解冻，放在锅里直接加热即可。

营养贴士

猪血和鸭血所含的营养素种类基本相同，但含量上鸭血要明显优于猪血，如果选择空间较大的话，鸭血为首选。虽然说猪血略逊一筹，但消化吸收率也很高，同样属于补血的优质食材。动物血的蛋白质含量较高，微量元素也很丰富，脂肪却很低。在孩子不爱吃饭的时候，做一些动物血的菜式，可以补充身体的营养所需。

通常情况，动物血一周食用一次即可。

做法

1. 鸭血用流动水冲洗干净，切成小块。
2. 豆泡对半切开。菠菜洗净，切去根部并切小段。
3. 香菜洗净，去根，切成小段。大蒜切成蒜末。
4. 煮锅中放入适量清水，水凉时放入鸭骨架小火煮1小时，然后滤出杂质。

5. 另取一煮锅，沸腾后将菠菜放入，焯至变色后捞出，备用。
6. 将鸭汤煮开，放入鸭血和豆泡，中小火煮约5分钟。
7. 放入菠菜、盐和白胡椒粉，搅匀后关火。
8. 将鸭血豆泡汤盛入碗中，加入蒜末和醋，表面撒上香菜即可。

五彩猪肝炒饭

⏰ 25分钟 | 🍭 简单

（不含浸泡时间）

特色 动物肝脏是仅次于动物血的优质补血食材，按铁含量排序的话，鸭肝＞猪肝＞鸡肝＞鹅肝。鸭肝与猪肝的营养价值几乎相同，两者均明显优于鸡肝和鹅肝，铁元素含量要比鸡肝和鹅肝高两倍。采买时，鸭肝和猪肝可以交替选择，用来变换口味。

主料

猪肝.....................15g
干香菇...............3 朵
胡萝卜............1/4 根
西蓝花...............30g
甜玉米粒...........20g
米饭...................100g

辅料

香葱...................适量
盐.......................2g
油.....................适量

烹饪秘籍

炒饭时不妨尝试在出锅前放入葱末，这样可以让葱的味道释放得恰到好处。

玉米胚芽是玉米中最有营养的部分，剥玉米粒时要将其剥出并随饭菜摄入体内。

营养贴士

4~11 岁儿童每日的铁元素摄入量为 12mg，最高耐受量为 30mg/ 天，如果按数据来计算的话，铁的摄入量很容易超标。其实在日常饮食中并不用那么严格，由于个体差异，对铁的消化吸收率并不相同，只要在固定周期内定期食用补血食材就好。

做法

1. 干香菇用水冲掉表面杂质，用凉水泡发约 1 小时。

2. 猪肝切成小块泡在清水里，并放入冰箱冷藏室中充分浸泡 2 小时以上，其间更换几次清水。

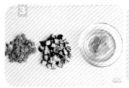 

3. 泡好的猪肝用流动水反复冲净。泡好的香菇切成 1cm 的小粒。胡萝卜洗净去皮，切成小粒。

4. 西蓝花掰成直径为 1cm 左右的小朵，香葱取葱绿部分切成葱末。

5. 炒锅中倒入少许油，待油温五成热时，放入猪肝煎至表面焦黄后盛出。

6. 锅中留底油，放入香菇、胡萝卜和西蓝花，翻炒 2 分钟。

7. 再放入甜玉米粒、猪肝和米饭，不停翻炒至米饭散开并与其他食材炒匀。

8. 放入盐和香葱末，翻炒均匀后即可。

牛肉土豆泥

25分钟 | 简单

瘦肉有一定的补血效果，这里我们所说的瘦肉，是指脂肪含量很低的牛里脊和羊里脊，猪、鸡、鸭肉的补血效果要差一些。

特色

主料

牛里脊................50g
土豆..................100g

辅料

黑胡椒粉........2茶匙
水淀粉...........1汤匙
香葱 ....适量
蚝油..................适量
盐.......................1茶匙
油......................适量

烹饪秘籍

借助压土豆泥的小工具，可以节省很多时间和力气。

营养贴士

因孩子的肠胃功能较弱，食用太多粗粮会影响其他营养素的吸收，所以在给孩子准备粗粮时，可参考粗粮：细粮为1：4的比例。

做法

1. 牛里脊用流动水冲净表面杂质，然后逆纹理切成青豆大小的粒状。
2. 牛肉粒用1茶匙黑胡椒粉和盐腌制片刻。
3. 香葱洗净，去根，切成碎末。
4. 土豆去皮，切成小块，放入蒸锅中蒸熟。

5. 将蒸好的土豆碾压成泥状，放在容器中。
6. 炒锅中放入少许油，待油温五成热时，放入牛肉粒煸炒至变色。
7. 然后放入蚝油、1茶匙黑胡椒粉、4汤匙清水和水淀粉，小火煮2分钟。
8. 将炒好的汤汁浇在土豆泥上，表面撒上香葱末即可。

红烧小羊排

🕐 2小时

🍭 简单

特色 羊里脊和羊排的脂肪含量较低，也是优质的日常补血食材，可以与牛肉交替食用，以变换口味。羊肉较牛肉口感细腻，更容易消化和吸收，尤其适合冬天食用。有些孩子不喜欢羊肉的膻味，可以与胡萝卜、芹菜等香辛类食材一同搭配，制作时多放一些调料，丰富口感层次。

主料

羊排..................500g
胡萝卜..............1根

辅料

大葱....................10g
姜......................10g
大料....................2个
桂皮..............1小块
陈皮....................5g
豆蔻..............1~2个
酱油..............1汤匙
绵白糖..........2汤匙
青蒜段..........适量
香菜..............适量
油....................适量

烹饪秘籍

羊肉是冬季宜食用的肉类，但膻味较大。做冬季菜式可以用多种调料来丰富口感，其他季节则要减少调味料的使用。

营养贴士

无论哪种肉类，凡是可以直观看见白色脂肪层的，其脂肪含量都可视为较高或很高，为孩子采买补血功能的瘦肉时，要挑选看不到白色脂肪层、全部是红色的精瘦肉。

做法

1. 羊排洗净，切块，放入沸水中焯出血水，然后捞出沥干。

2. 胡萝卜去皮切大块，香菜洗净切段，大葱切段，姜切片。

3. 炒锅中放入比炒菜略多一点的油，待油温三成热时，放入大料、桂皮、陈皮、豆蔻、葱段和姜片，小火煸炒出香味。

4. 放入控干水的羊排，翻炒1~2分钟至羊排变紧。

5. 加入酱油和绵白糖调味，然后加入高出食材表面2~3cm的开水。

6. 大火煮开后转小火，盖上盖子慢炖1.5小时左右至羊排软烂。

7. 然后放入胡萝卜块，继续煮10~15分钟至胡萝卜软烂。

8. 连汤带肉盛入容器中，表面撒上青蒜段和香菜即可。

补血最佳拍档

凉拌彩椒

10分钟 | 简单

在为孩子准备补血膳食时，一定要考虑同时摄入维生素C。尽量生食、快炒新鲜的蔬菜和水果，以最大限度地获取维生素C。

特色

主料

红彩椒..............1个
黄彩椒..............1个
香菜..................2根

辅料

绵白糖............1汤匙
盐........................2g
醋..................1茶匙
香油...............1茶匙

烹饪秘籍

为了更多地保留维生素C，可以用陶瓷刀来切彩椒，减少金属材料刀具与食材接触，避免加速维生素C的流失。

做法

1. 红彩椒、黄彩椒均洗净、去蒂、去籽，切成0.5cm宽的条状。
2. 香菜洗净，切去根部，切成小段。
3. 将红彩椒、黄彩椒同放到容器里，放入绵白糖、盐、醋和香油拌匀。
4. 最后撒上香菜即可。

营养贴士

维生素C易溶于水，洗菜时不要用清水浸泡太长时间，建议用流动水冲净。

维生素C不耐高温，超过80℃后含量会大大减少。

没有切口的蔬菜确实能较多地保留维生素C，但在冷藏室存放过久，维生素C含量也会下降。

PART 8

最强大脑
益智餐

让孩子变得更聪明这样做

提供健脑益智的饮食

首先需要合理均衡的膳食，提供脑部发育和正常代谢所需的充足且全面的能量。同时，搭配对脑部有益的食材，如促进脑细胞和脑组织增长的含卵磷脂较多的蛋类，提高记忆力的坚果，促进脑部发育的金针菇、黑芝麻和含有 DHA 和 EPA 的深海鱼。

规律的作息和休育运动

让孩子于动静之中不断交替，有利于脑部的发育。

培养独立思考的能力

锻炼脑部的同时，还培养了孩子的思考能力。

最佳益智食材

黑芝麻

核桃

金针菇

深海鱼

鱼子

蛋黄

不利于大脑发育的食物

·含铅的食物：松花蛋、爆米花、膨化食品等。

·腌制品、熏制品：熏鱼、熏鸡、烧鸭、烧鹅、腊肉等。

·过咸的食物：咸菜、榨菜等。

香菇焖三文鱼腩

35分钟 | 简单

（不含浸泡时间）

特色 大多数鱼类都有促进孩子大脑发育的作用。尤其是深海鱼，其所含的 DHA 比淡水鱼多很多，而 DHA 是大脑和视网膜的重要构成部分。虽然说婴幼儿时期是补充 DHA 的最佳阶段，但4~12岁儿童也要在膳食中重点安排富含 DHA 的食物，以保证 DHA 的摄入量。

主料

三文鱼腩...........50g
干香菇................5 朵
干木耳................5g
青豆....................15g

辅料

大葱......................5g
大蒜......................2 瓣
姜..........................3g
生抽...................1 茶匙
绵白糖............1 茶匙
油........................适量

烹饪秘籍

事先炒一下香菇和木耳，是为了把其中的水分炒出，之后焖煮时更易入味。收汤汁时，也可根据孩子的口味调整汤汁的分量。

营养贴士

建议每天让孩子食用 30~75g 鱼肉，最好选择深海鱼肉。如果实际操作有难度，也要尽量保证每周至少吃一道鱼类的菜式。

做法

1. 干香菇和干木耳洗净表面杂质后，提前用凉水泡发。香菇切小块，木耳撕成小朵。
2. 三文鱼腩洗净，切成 2cm 见方的小块；青豆洗净备用。

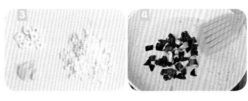

3. 大葱洗净，去根，切成葱末；大蒜去皮，切片；姜切成片。
4. 炒锅中放入少许油，待油温五成热时，放入香菇和木耳，翻炒 2~3 分钟盛出。

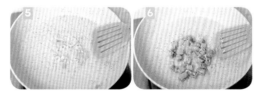

5. 锅中留底油，放入葱末、蒜片和姜片煸香。
6. 放入三文鱼块，中小火将三文鱼块表面煎变色。

7. 放入香菇、木耳、青豆、生抽、绵白糖和没过食材的清水，大火煮开转中小火，盖盖焖煮 5~8 分钟。
8. 转大火收汁，待汤汁减少一半量时即可。

最 全 营 养

时蔬蛋包饭

20分钟

简单

特色　鸡蛋是最常见的补脑食材，鸡蛋中含有较多的卵磷脂。常吃鸡蛋可以提高孩子的记忆力，增强反应力。而且它也是促进身体各项机能发育的优质食材。

主料

鸡胸肉..............30g
胡萝卜..............10g
口蘑..............2个
青豆..............10g
鸡蛋..............2枚
米饭..............1碗
番茄沙司..........适量

辅料

大葱..............5g
白胡椒粉..............2g
盐..............2g
油..............适量

烹饪秘籍

根据孩子的口味或季节变化，在炒饭的时候，还可以加入番茄沙司、咖喱酱等来变换口味，只要把炒饭做得紧实且不出汤即可。

营养贴士

为孩子准备补脑的膳食，除了选择对脑部发育有利的食材外，还要注重各种食材的均衡搭配，至少要有肉、蛋、蔬菜和主食，最好还有菌类和坚果。只有摄入全面的营养，才能供给身体和大脑足够的能量，让身体正常运转。

做法

1. 鸡胸肉洗净，去掉筋膜后切成1cm左右的小丁，用白胡椒粉腌制片刻。

2. 胡萝卜去皮切小粒，口蘑洗净后切同样大小的小粒，大葱切成葱末。

3. 鸡蛋打散成蛋液。青豆用沸水焯熟后，浸泡在凉水中备用。

4. 炒锅中倒入少许油，待油温五成热时，放入葱末煸出香味。

5. 然后放入鸡胸肉翻炒至变色。

6. 再放入胡萝卜粒、口蘑粒、青豆、米饭和盐，翻炒均匀盛出。

7. 平底锅中倒入适量油，待油温四五成热时，将蛋液倒入摊成蛋皮。

8. 将米饭铺在蛋皮中间，将蛋皮两边向中间折叠包住米饭，然后倒扣在盘子中，表面挤上番茄沙司即可。

锡纸花甲金针菇

25分钟 | 简单

（不含吐沙时间）

特色 金针菇中有钙、铁、磷等微量元素和18种氨基酸，其中的组氨酸和精氨酸有增强记忆力、开发智力的作用。花甲也叫蛤蜊，含有一定量的牛磺酸成分，有利于促进孩子的眼部和脑部发育。

主料

金针菇..............150g

花甲..................80g

丝瓜..................半根

辅料

大葱.................5g	白胡椒粉........1茶匙
大蒜.................4瓣	蒸鱼豉油........1汤匙
姜.....................5g	绵白糖...........1茶匙
香菜.................适量	香油.............1茶匙

烹饪秘籍

做好后，锡纸碗中会析出一些水分，这些都是带有食材本身鲜味和营养的水分，均可食用。用锡纸制作此道菜，也是为了做出更好的味道和保存更多的营养，同时也可以避免烹饪时产生油烟。用相同的方法，还可以制作锡纸清蒸鱼、锡纸虾等易出汤的食材，也可以把蔬菜和肉类同时包在锡纸内烹饪，做成简单美味的"一锅出"。

营养贴士

据报道，牛磺酸能促进孩子神经系统的生长发育，尤其是在脑神经细胞的发育过程中起着相当重要的作用。动物肝脏中的牛磺酸比较丰富，海产品中贝类、鱼类、海藻类食材也富含牛磺酸。

对富含牛磺酸食材的食用频率和食用量并没有太严格的要求，按正常膳食搭配，做到在一个固定周期内食用种类多样的食材即可。

做法

1. 花甲买回后，放在浓盐水中至少吐沙1小时。
2. 金针菇洗净后切去根部，丝瓜去皮切条状，大葱和大蒜均切末，姜切片，香菜洗净切小段。

3. 取一容器，将葱末、蒜末、姜片、蒸鱼豉油、白胡椒粉、香油和绵白糖放入，并搅拌均匀。
4. 裁一张长度为炒锅直径2倍的锡纸，对折后铺在炒锅中，并折成碗状。

5. 锡纸碗中依次铺入丝瓜条、金针菇和花甲。
6. 将混合好的酱料均匀浇在食材上，然后倒入半碗清水。

7. 用锡纸将食材完全封住包好，盖上锅盖，中火加热7~8分钟，关火后再闷1~2分钟。
8. 完成后，用刀将锡纸划破，撒上香菜即可。

补脑又亮眼

鱼子炒蛋

10分钟 | 简单

特色

先给"吃鱼子会变笨"辟个谣！吃鱼子不仅不会变笨，还有助于孩子脑部的发育。其中富含有利于孩子身体和脑部发育的营养物质。

做法

1. 鱼子用流动水冲净表面杂质。
2. 鸡蛋打散成蛋液，青椒洗净后去籽切成片状，大葱和姜均切末。

主料

鱼子.................50g
鸡蛋.................1枚
青椒.................半个

辅料

大葱.................3g
姜.................2g
盐.................1g
油.................适量

3. 炒锅中放入适量油，待油温五六成热时，倒入蛋液。
4. 用筷子将蛋液划散，待凝固成块后，盛出备用。

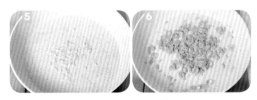

5. 锅中留底油，放入葱姜末煸出香味。
6. 放入鱼子，反复翻炒将鱼子炒散。

烹饪秘籍

青椒中的维生素C含量很高，但因维生素C遇高温后很容易流失，所以在最后一步再放入青椒，以保证营养更多地留存。如果不喜欢生脆的口感，可以将青椒切成小粒。

7. 然后放入青椒块和炒好的鸡蛋，翻炒均匀。
8. 最后放入盐，翻炒均匀关火即可。

营养贴士

鱼子的健脑功效很明显，但脂肪含量也很高，不要过于频繁地食用，且一次食用量不宜超过50g。

黑芝麻核桃枣糕

🕐 40分钟

🍭 简单

特色 按"以形补形"的说法来说，核桃是最适当的补脑食材之一。其实不仅是核桃，太多数坚果都是补脑的优质食材。因为坚果中含有亚油酸，可以促进大脑神经的发育。

主料

牛奶..................180ml
鸡蛋..................1枚
面粉..................200g
大枣..................4个
核桃..................适量
巴旦木..............适量

辅料

橄榄油...........1汤匙
绵白糖...........1茶匙

烹饪秘籍

因所选购的面粉的吸水率和鸡蛋的大小不会完全相同，故不必严格按照配料表中的分量操作。只要面糊可以划出纹路并在几秒种内不会消失，同时大枣和坚果可以铺在面糊表面不下沉，就说明面粉与液体的比例恰到好处。

如果没有橄榄油，则要用味道淡的油类代替，以免影响口味。

如果使用的是坚果粉，要适当增加液体的分量。

做法

1. 取一较大的玻璃容器，倒入牛奶、面粉和鸡蛋。

2. 按同一方向呈划圈状搅拌，直至所有食材完全融合成糊状，且能划出纹路。

3. 往面糊中加入橄榄油和绵白糖，继续搅拌至完全融合。

4. 将面糊盖上保鲜膜，静置20分钟。

5. 大枣去核切成条状，将大枣、核桃和巴旦木均匀铺在面糊表面。

6. 盖上盖子，放入微波炉中，高火加热5分钟即可。

营养贴士

不用有针对性地食用某一种坚果，因为几乎所有坚果都具有健脑的功效，同时各个种类的坚果也都具有各自不同的微量元素，将多种坚果混合在一起，搭配食用就能满足营养需求。

PART **9**

预防积食
营养餐

有些家长以为孩子出现积食症状的
表现为食欲不振或是发烧，其实这
个状态已经是严重的积食阶段了。
我们可以通过发现早期的症状并对
孩子的饮食及时进行调整，来减少
积食给孩子带来的困扰。

积食常见的表现

·头发干枯分叉。孩子的头发可以反应脾胃状态，头发干枯分叉，说明脾胃功能较弱，无法给头发供应足够的气血。脾胃功能弱，则吃进身体里的食物不能得到适当的消化和分解，堵在身体里形成积食。

·眼袋发青。眼袋处的穴位叫承泣穴，是足阳明胃经的起始穴。孩子出现积食，这个穴位就会发青。

·舌苔过厚。舌苔能最快反应胃的消化情况，如果早晨舌苔过厚，则说明胃中有积食。

·口臭。早上闻到孩子嘴里有异味，那就说明孩子积食了。口臭是胃中的食物发酵所致。

·腹胀。与口臭同理，食物在肠道中滞留、发酵后引起胀气。

·手心发烫。如果有感冒症状出现，且手心发热一般是积食引起的。

·睡觉不老实。胃里有积食不好消化，就会影响睡眠，睡觉自然不安稳。

·睡觉流口水。有积食就会导致体内湿气多，就会流口水。这也是脾胃不好的表现。

·观察大便。孩子大便正常的颜色一般是黄色的，如果颜色不正常且有酸味，多是积食引起的。

预防积食的建议

·食材多样并搭配均衡，肉类的摄入量要控制。如果孩子喜欢吃肉，有偏食习惯，可以将晚餐时间提前，同时减少晚餐的总量。饭后带孩子多运动，消耗多余能量。

·积食现象发生的原因除了孩子偏食、食量过大以外，脾胃功能弱等相关的身体问题也是较重要的原因。调理脾胃的菜谱请参考本书健脾养胃章节。

·可以学习小儿推拿的捏脊知识，通过多种途径缓解积食症状。

焦三仙是三味具有消食功效的药材，分别是焦麦芽、焦山楂和焦神曲。焦麦芽主要缓解淀粉类食物引起的积食，焦山楂则主要缓解食肉过多导致的积食，焦神曲可以很好地帮助消化米面食物。鸡内金是用家鸡的沙囊内壁干燥制得，主要功效就是消食运脾。孩子出现积食早期症状时，及时用鸡内金缓解，症状基本可以消失。

防 积 食 必 备

鸡内金消食水

60 分钟

简单

主料

焦三仙............. 各 6g

炒鸡内金............. 6g

辅料

清水 2000ml

✦ ✦ 烹饪秘籍 ✦ ✦

也可以把适量炒鸡内金粉与面粉混合在一起，制成馒头、花卷、糊塌子等面食，孩子比较容易接受。

将所有食材放入纱布包中煮制，便可省去过滤的步骤。

营养贴士

消食药材最多连吃三天，便可有效缓解症状，不可长期食用，避免脾胃对此形成依赖。

做法

1. 将焦三仙用流动水冲掉表面杂质，再放入清水中浸泡 15 分钟。

2. 将焦三仙放入煮锅中，大火煮开后转小火煮 15 分钟。

3. 加入鸡内金，继续煮 15 分钟。

4. 关火后，将水晾至 40℃左右，滤去杂质后饮用。

蔬 果 消 食 水

山楂胡萝卜饮

特色

山楂是缓解积食的最佳食材之一，尤其是应对吃肉过多引起的积食效果更好。山楂酸味较重，而本饮品用胡萝卜的甜味中和其口感，同时可以避免使用糖类食材。

50分钟　　简单

主料

干山楂.............10 片
胡萝卜.............半根

辅料

清水 2000ml

营养贴士

· 服用山楂类饮品，要尽量饭后用，以免对胃部产生刺激。

· 平时脾胃较虚弱的孩子，比如不爱吃东西或饭量较少的孩子，不要用山楂来缓解积食，要换成其他防积食食材。

烹饪秘籍

用新鲜山楂也可以制作此道消食水，但新鲜山楂的水分较干山楂多，用量要适当增加。

做法

1. 干山楂用流动水冲净。
2. 胡萝卜用流动水冲净，不去皮切成小丁。
3. 将食材放入煮锅中，加入足量清水。
4. 大火煮开后，转中小火煮半个小时，放温至 40℃左右即可饮用。

山药大米粥

45分钟　　简单

（不含浸泡时间）

这道山药大米粥，是通过健脾养胃来缓解积食症状的菜式，适合不宜食用山楂类食物消食的孩子。

特色

做法

主料

山药.....................30g

大米.....................50g

干莲子...............6 粒

茯苓.....................6g

薏米.....................6g

芡实.....................6g

辅料

清水.............2000ml

1. 大米提前用凉水浸泡 1 小时。

2. 山药洗净，去皮，切成小块。

3. 干莲子、茯苓、薏米和芡实均用流动水冲掉表面杂质。

4. 煮锅中放入足量清水。

5. 大火煮开后将所有食材放入。

6. 再次沸腾后，转小火盖上盖子焖煮 40 分钟即可。

烹饪秘籍

使用铁棍山药效果最好，也可以用 6g 怀山药代替。

营养贴士

· 平时煮米粥时，会放 1 汤匙油来增加米粥的口感。用于调理孩子肠胃，则要省去油。

· 山药和大米的组合是防积食粥的最基础搭配。此菜谱中的其他食材也均有健脾胃的作用，家长可以根据喜好做成迎合孩子口味的粥。

脾阳虚症消食水

45分钟　　简单

脾阳虚症状的表现：孩子的下眼袋较大，嘴唇颜色正常或发白；舌头颜色为淡白，舌边会有牙印；身体怕冷，白天一动容易出汗，容易气喘且四肢没有力量；不爱说话，精神状态不好；吃饭时肚子易胀，身体有时会浮肿。

主料

山药	9g
莲子	9g
薏米	9g
太子参	3g
白术	3g
炒白扁豆	3g
麦芽糖	1汤匙

辅料

清水	2000ml

烹饪秘籍

配方表中的食材可以在家中提前采买出1~2次的分量，以备孩子积食症状出现时随时取用。食材放在干燥的容器中，置于通风、阴凉处即可，不要放于冰箱的冷藏室中。放置时间过长、放置于过于潮湿的环境中，都易引起药效下降或食材变质。

做法

1. 所有食材均用流动水冲洗表面杂质。
2. 所有食材均放入煮锅中，加入4大杯清水。
3. 大火煮开后转小火，继续熬煮半小时或至水量减半。
4. 放温后，加入麦芽糖食用。

营养贴士

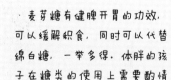

· 麦芽糖有健脾开胃的功效，可以缓解积食，同时可以代替绵白糖，一举多得。体胖的孩子在糖类的使用上需要酌情控制。

· 配料表中的用量适合六岁左右孩子，十岁左右的孩子食用每份材料各增加3g。

脾阴虚症消食水

60分钟　　简单

脾阴虚的症状表现：孩子的舌头颜色很红，舌苔很薄或者没有舌苔；嘴唇呈鲜红色，手脚心发热；睡觉时容易出汗，眼睛和嘴巴发干，总想喝凉的东西，而且大便干燥。

知识

做法

1. 所有食材均用流动水冲净表面杂质。
2. 把所有食材均放入煮锅中，加入4大杯清水。
3. 大火煮开后转小火，继续熬煮半小时至水量减半。
4. 滤掉残渣，将水放温至40℃左右即可饮用。

主料

山药 9g

莲子 9g

薏米 9g

麦冬 6g

沙参 6g

生地 6g

辅料

清水 2000ml

营养贴士

· 熬好的消食水当天喝完，连续喝1周可以减少积食现象的发生，同时强健孩子的脾胃。

· 配料表中的用量适合六岁左右孩子，十岁左右的孩子食用每份材料各增加3g。

烹饪秘籍

可以用养生壶来制作这道消食水，安全又省心。

PART 10

健脾和胃
滋养餐

孩子脾胃的健康是身体健康的基础。
将脾胃调理好，身体才能吸收好，
精心搭配的营养膳食才能通过脾胃
的运作消化，达到理想的目的；反之，
所摄入的营养将会变成身体的负担。

脾胃不好的孩子有哪些表现呢?

身体抵抗力弱，容易生病，面色发黄，眼袋发青色且无光，身体瘦小，不爱吃饭，睡眠不好，经常有腹泻的情况出现。

孩子脾胃的日常保养

·日常饮食方面。三餐定时定量，不吃过多的肉类，不偏食，不吃过多油腻的食物，少吃冷饮和甜食。

·脾胃虚弱分偏内寒和偏内热两种。偏内寒的表现是饭后容易腹胀，不爱说话也不爱动，一动就爱出汗，这种情况的孩子要养成喝热饮的习惯，不喝凉水和酸奶，不吹空调，多吃山药、芋头。偏内热的表现则是舌苔很薄，舌头发红，眼袋略大颜色微微发红，嘴巴也呈鲜红色，孩子往往爱动且性格急躁，这种情况则要少吃干燥、油炸、容易上火的菜式，多吃海带、胡萝卜、南瓜这类食材。

·作息要有规律，保证充足的睡眠，坚持早睡早起。

·增加户外运动，多接触阳光和新鲜空气。

通常节假日后孩子出现脾胃不好的情况较多，调理孩子脾胃分为三步。

第一步：安排清淡饮食减轻肠胃的负担，如小面汤、米粥等。

第二步：多喝水，加快肠胃的新陈代谢，帮助肠胃恢复到正常水平。

第三步：多吃健脾胃且纤维素较多的食材，易于吸收且促进排便。如山药、豇豆、猪肚、土豆、南瓜等。

神 奇 养 胃

小面汤

15分钟 | 简单

（不含静置时间）

特色

小面汤是以面粉为主材的菜式，是孩子生病、肠胃不适期间首推的汤水，不仅可以调理脾胃，还可以缓解便秘、胀气、积食等症状并补充水分，寒症、热症患者都可以服用。

主料

面粉.................100g
青菜.................100g

辅料

清水.................适量

烹饪秘籍

垂直或水平方向搅动面团，面丝呈蛋花状；若是划圈状搅动面团，则面团呈小疙瘩状。

营养贴士

在孩子生病期间或调理脾胃的初期阶段，就喝原味的小面汤，易于消化。待身体状态逐渐好转，可在小面汤中加入打散的鸡蛋、青菜段、胡萝卜丝等食材来丰富口味。

做法

1. 面粉放入容器中，少量分次加入 40℃左右的温水，直至面糊稀稠程度如图所示。

2. 用筷子顺一个方向搅动面团，直至面团随筷子移动，且面团与碗壁有一定黏性，并可拉出丝状后，将面团静置约 15 分钟。

3. 倒入没过面团的温水，用筷子沿垂直或水平方向搅动面团十几次。

4. 青菜清洗干净，切成小段备用。

5. 煮锅中倒入适量清水，微开状态下，将搅好的面水全部倒进锅中，同时用筷子在锅中沿垂直或水平方向搅动。

6. 待面汤再次沸腾，加入青菜再煮开，小面汤就完成了。

这款粥受到众多名家医生推崇，主要功能为调和脾胃，去除身体内的湿气、浊气。山药有健脾养胃的功效，适合不爱吃饭并伴有腹泻症状的孩子。搭配芡实和莲子一同食用，效果更好。

特色

古方养脾胃
山药薏仁莲子芡实粥

（不含浸泡时间）

🕐 40分钟

🍭 简单

主料

山药	20g
莲子	20g
芡实	20g
薏仁	20g
大枣	20g

辅料

清水	2000ml

✦✦ 烹饪秘籍 ✦✦

如果孩子肠胃功能较弱，或者觉得粥的口感不好，可以将所有食材放入豆浆机中，打成米糊状食用。

🍴营养贴士

通常情况下，山药、芡实、薏米的比例为1：1：1。

孩子出现消肿或尿少的情况，可单用山药和薏米煮粥吃，比例为1：1。

孩子出现口干舌燥、尿频且喝水较多的情况，可用山药和芡实煮粥吃，比例为1：1。

做法

1. 莲子和芡实提前用凉水浸泡4小时或过夜。
2. 山药去皮切小块，红枣去核切片。
3. 将所有食材放入电饭煲中，同时加入适量清水。
4. 使用"煮粥"功能即可。

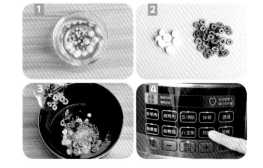

黄金"保胃战"

南瓜土豆浓汤

黄色的食材大多具有补脾胃的效果，做成汤粥又是脾胃喜欢的方式。这几种食材搭配到一起，就是一款令脾胃舒适的滋补品。

30分钟 | 简单

主料

南瓜	200g
土豆	50g
胡萝卜	50g
鲜玉米	20g

辅料

大蒜	3瓣
盐	2g
油	适量

营养贴士

据中医理论，不同颜色的食材与人体五脏六腑有着阴阳调和的关系，黄色健脾，黑色补肾，绿色补肝，红色补心，白色养肺。

1. 南瓜、土豆和胡萝卜分别洗净、去皮、切成小块，大蒜切成蒜末，玉米剥成粒状。

2. 炒锅中放入少许油，待油温五成热时，放入南瓜、玉米、土豆和胡萝卜煸炒2分钟。

3. 加入高出食材约2cm的开水，大火煮沸后转小火煮10分钟至食材软烂。

4. 将锅中的汤汁连同食材倒入料理机中，同时加入蒜末和盐，搅打成浆即可。

健 脾 祛 湿

牛肉馅豇豆煨面

20分钟

简单

特色 豆荚类的食材大多有很好的健脾功效。扁豆有健脾化湿的作用，适合夏季潮湿季节食用；豇豆则有健脾补肾、和五脏的作用。虽然各种豆荚类食材各有所长，但主要作用都是健脾养胃，选择上大可不必太伤脑筋。

主料

牛肉馅 30g
豇豆 80g
细面条 50g

辅料

大葱 5g
姜 3g
大蒜 .... 3 瓣
生抽 .... 1 茶匙
油 .... 适量

烹饪秘籍

做煨面时，要选择水分少且耐煮的食材，同时选用细面条，更易入味和成熟。

在处理食材时，要将豆荚的两头掐掉，再经高温加热，令其毒性彻底消失。

营养贴士

豇豆属豆荚类蔬菜，其中含有可引起中毒的物质，但含量很低，再加上身体肝脏有解毒作用，对人体基本没有影响。

做法

1. 豇豆洗净掐去两头，切成 0.5cm 长的小段。

2. 大葱、姜和大蒜均洗净、切成末。

3. 炒锅中倒入少许油，待油温五成热时，放入葱末、姜末、蒜末煸出香味。

4. 然后放入牛肉馅，翻炒至变色。

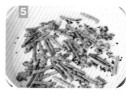 

5. 放入豇豆，耐心翻炒至豇豆颜色变深且水分变少。

6. 倒入少许生抽，翻炒均匀。

7. 加入超过食材表面约 2cm 的开水，然后放入面条。

8. 沸腾后，转中小火，盖上锅盖将面条煨熟。

慢 煮 清 新

猪肚汤

🕐 3.5小时 | ✳ 简单

（不含清洗时间）

特色 都说"以形补形"，吃猪肚确实可以起到滋养脾胃的作用，可以作为日常调理脾胃的菜式进行搭配，但不宜在肠胃出现不适症状的情况下食用，否则不能达到理想的缓解效果。

主料

猪肚.................1个
甜玉米..............1根
胡萝卜..............1根
山药.................半根

辅料

面粉.................适量
盐...................适量
花椒................1大把
姜...................1大块
香葱................2根
白胡椒粒........2茶匙
盐................. 5g

烹饪秘籍

用电压力锅来煮猪肚可以节省时间。每人每次摄入猪肚的量不宜超过50g，多出来的猪肚焯熟后可装在保鲜袋中，放入冰箱冷冻室内保存。

营养贴士

猪肚的营养价值很高，但脂肪含量也较高，食用过量会让身体产生负担。用猪肚滋养脾胃，首先选择脾胃喜欢的温热汤水的形式，再采用慢炖的方法将猪肚中的营养物质融进汤水中。猪肚汤用来养脾胃，煮好的猪肚留下来炒菜或做凉拌菜使用。

做法

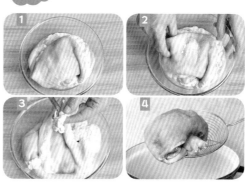

1. 猪肚用流动水仔细冲净表面的杂质。用面粉将猪肚的内部和外部仔细搓揉一遍，并用清水冲洗干净。

2. 再用盐重复一到两遍上一步骤，直至猪肚清爽无异味。

3. 用剪刀剪掉猪肚上的油脂和白膜。

4. 煮锅中倒入足量清水，凉水时加入花椒，沸腾后将猪肚焯2~3分钟。

5. 焯好的猪肚切成条状；整块姜洗净，用刀拍碎；香葱洗净，留葱绿切末。

6. 胡萝卜和山药均洗净、去皮、切块，玉米切段。

7. 锅中放入猪肚、胡萝卜、山药、玉米、姜块和白胡椒粒，加入清水，大火煮开后转小火慢炖2~3个小时。

8. 最后放入盐调味，表面撒上香葱末。

PART 11

养肺生津止咳餐

咳嗽恐怕是最让家长忧心的症状之一，各种止咳食材、药品、偏方通通试一遍，可就是不见好，有时候症状还加重。其实咳嗽也分成好几种类型，要对症下药，才能起到效果。

咳嗽常见类型

	风寒咳嗽	风热咳嗽	燥热咳嗽
症状	流清鼻涕，打喷嚏，怕冷或发热，头痛或浑身疼痛，喉咙发痒，痰稀薄发白，身上无汗，舌苔薄且白，喝些热汤症状稍稍缓和些。	痰发黄，身上发热，怕风，喉咙干燥疼痛，舌尖发红，舌苔微微发黄。喝些常温或凉的食物，症状就有缓解。	咳嗽痰少，干咳无痰，面色发红，鼻孔和喉咙觉得干燥，嘴唇发热，小便少且呈黄色，舌尖红，舌苔薄且呈黄色。
应对办法	发热散寒	疏散风热	清热润燥
相应食材	 	 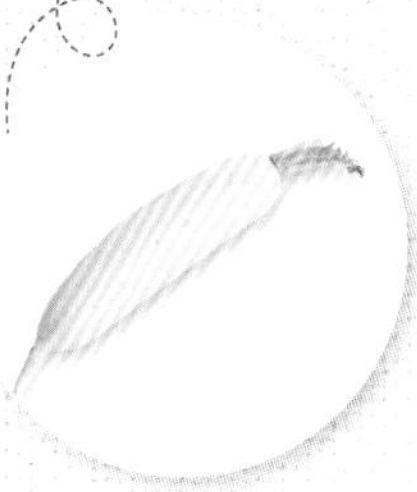	 

薄荷

紫苏

白萝卜

梨

陈皮

百合

白萝卜水

风热咳嗽要以疏散风热、化痰宜肺为主。菊花、薄荷、枇杷、杏仁、白萝卜这些食材都可以用来缓解症状。

15分钟 | 简单

主料

白萝卜................ 80g

辅料

清水..............1000ml

烹饪秘籍

尽量将白萝卜片切薄，这样可以将其中的营养物质充分地煮出来。也可将白萝卜擦细丝，喝时滤掉或全部服下。

营养贴士

风热咳嗽早期忌用止咳药，如果服用的话，会导致肺气郁遏，不能发散出来，造成慢性咳嗽，不易痊愈。

风热咳嗽期间，注意饮食清淡，不吃油腻火大的食物，以免加重咳嗽症状。

做法

1. 白萝卜洗净不要去皮，然后切成薄片。
2. 煮锅中放入适量水，将白萝卜片放入。
3. 小火加热至沸腾，再持续加热5分钟。
4. 晾温至40℃左右后倒入碗中即可饮用。

特色

燥热咳嗽

雪梨百合

燥热咳嗽的应对方法是清热润燥。银耳、莲子、百合等这些白色食材大多具有润燥的作用，雪梨、荸荠、枇杷、甘蔗等具有清热的效果，两种食材合并起来，可以缓解燥热咳嗽的症状。

⏰ 30分钟 | 🍭 简单

主料

雪梨................1个
鲜百合..............半头

辅料

清水..............1500ml

🍴 营养贴士

燥热咳嗽常见于秋天，天气干燥再加上身体中还有夏天存留的火气，很容易引发燥热咳嗽。除了多吃润肺清热的食材外，还要注意尽量不吃辛辣、调料多的菜式，油炸、油大以及肉类也要尽量减少食用。

秋季温差较大，要注意及时加减衣物，预防秋季咳嗽和感冒的发生。

烹饪秘籍

如果使用干百合，需要提前将百合泡发。

做法

1. 鲜百合去除根部，洗净，用手轻轻剥成片状。
2. 雪梨洗净不去皮，去核切成块状。
3. 煮锅中放入清水，凉水时将雪梨放入，小火煮20分钟。
4. 放入百合，再煮至百合变透明即可。

风寒咳嗽是孩子最常见的咳嗽类型，多是受凉引起。风寒咳嗽切忌吃梨、枇杷、白萝卜这类清热食材，本身身体里已有寒气，再吃入凉性食材，会导致咳嗽症状加重。

风 寒 咳 嗽
陈皮红豆沙

（不含浸泡时间）

🕐 1.5 小时

🍭 简单

🌥 主料

赤小豆..............100g
陈皮....................5g

🌥 辅料

清水.............2000ml

✦✦ 烹饪秘籍 ✦✦

如果没有时间提前泡豆子，则延长煮制的时间，煮至豆子开花出沙。

也可以用电饭煲或养生壶操作，更加省心。

🍴营养贴士

风寒咳嗽期间不要吃生冷的食物，也不要吃甜食和太过油腻的食物，只要多吃温性食材。

也可用陈皮直接泡水代替日常饮水，具有同样的效果。

除了有止咳功效外，陈皮还有促消化、增加食欲的功效，可以缓解孩子积食的症状。

🌥 做法

1. 赤小豆提前在清水中浸泡 4 个小时或者泡水放入冰箱冷藏室中过夜。
2. 陈皮用流动水冲掉表面杂质。
3. 煮锅中倒入适量清水，将泡好的赤小豆和陈皮放入。
4. 盖上盖子，煮约 1 个小时，赤小豆开花出沙即可。

日常养肺
银耳山药羹

特色

无论哪种咳嗽，都会伤及肺部，再加上日渐严重的空气污染也对肺部有影响，提高孩子肺部的抵抗力便成了餐桌上的日常话题。简单说，大多数白色的食材有养肺润肺的功效。百合是秋季应季食材，可以趁着收获季多多食用，像山药、银耳、莲子这些四季都方便采买的食材，便可以在其他季节食用。

50分钟

简单

主料

山药	80g
银耳	20g
枸杞	适量

辅料

麦芽糖	少许
清水	1500ml

营养贴士

秋季养肺分为三个阶段，初秋养肺以清热祛湿、润燥为主；仲秋养肺以养阴润燥为主；晚秋养肺则要兼顾防燥和抗寒的特点。

烹饪秘籍

如果孩子不喜欢银耳的口感，可以在泡发后，用剪刀将银耳剪成细小的碎末。在加热的过程中，银耳碎末会变小或完全化入汤汁中。用此方法，也可以加快银耳汤变黏稠的速度。

做法

1. 银耳和枸杞提前用凉水泡发。
2. 泡好的银耳撕成小朵。山药洗净，去皮，切成小块。
3. 锅中倒入清水，将山药、银耳和枸杞放入。
4. 小火慢煮40分钟，最后根据需要调入少许麦芽糖调味即可。

预 防 咳 嗽

锅塌三瓜

20分钟 | 简单

有很多孩子爱吃肉不爱吃青菜。这样的孩子身体稍感不适，第一个症状就是咳嗽。那是因吃肉过多导致脾胃功能弱，稍一受凉，症状就出现了。我们可以在日常饮食中加入有清热功效的蔬菜，减少脾胃的负担，从而达到减少咳嗽的目的。

知识

主料

丝瓜.................1根

黄瓜.................1根

苦瓜.................1根

鸡蛋.................3枚

辅料

大葱 5g

盐.....................2g

淀粉.............2汤匙

油.....................适量

烹饪秘籍

这三种瓜都含有丰富的水分，为了更好地成型，要尽可能地将其中的水分攥干。

做法

1. 黄瓜、丝瓜均洗净后切细丝，苦瓜去瓤、去籽后切细丝。

2. 丝瓜和苦瓜均放入沸水中焯烫，然后攥干水分；黄瓜中加入盐，待出水后将水倒掉。

3. 鸡蛋打散成蛋液，大葱切成葱末。

4. 将丝瓜、黄瓜、苦瓜、鸡蛋、葱末、盐和淀粉均放入容器中，拌匀并放置2分钟。

5. 平底锅中倒入适量油，待油温五成热时，将拌好的蛋液倒入，铺成饼状。

6. 小火煎至一面金黄，然后翻面，将另一面煎黄即可。

营养贴士

这三种食材是典型的清热去火食材。虽然在加热烤制的过程中凉性有所缓解，但功效依旧较明显。适于在夏天食用。其他季节里，可以减少1至2种食材，或用其他瓜类烹饪，同样可以达到预防的目的。

PART 12

感冒发热
强身餐

感冒通常分风寒感冒、风热感冒和病毒感冒三种

风寒感冒： 由着凉受风引起，表现为发冷、无汗、浑身疼痛、流清鼻涕、咳嗽并有白痰。饮食上以热汤或热粥为主，帮助出汗，同时驱散风寒。

风热感冒： 常见于夏季和秋季，表现为头痛、有汗、咽喉疼痛、黄痰，以及流黄鼻涕。饮食上以清热去火为主，忌油腻和高营养，以免加重症状。

病毒感冒： 通常以缓解症状为主，包括服用对症的药物，一般情况下，一周可自然恢复。饮食上注意清淡、多汤水、易消化，同时注意补充能量适当增加营养。

感冒发热期间的饮食原则

· 多喝水。发热会消耗身体的水分，多喝白开水不仅可以补充水分，还可以有效降温。

· 多摄入维生素 A。有呼吸道症状时，多食用胡萝卜、南瓜等胡萝卜素含量丰富的植物食材。不建议吃富含维生素 A 的动物类食材，因脂肪过多会给身体带来负担。

· 多摄入维生素 C。多摄入维生素 C 可以增加抵抗力，生食蔬菜、水果是摄入维生素 C 的最佳途径，但蔬菜、水果大多属于凉性食材，不适合风寒感冒食用，尤其是伴有咳嗽症状，生食蔬菜、水果会加重咳嗽的症状。此时可用口服泡腾片来作为补充维生素 C 的方式。服用泡腾片需要注意：40℃白开水泡开；冲泡后尽快喝完，以免在空气中暴露时间过长形成损耗；适龄儿童维生素 C 的每日摄入量为 100mg，建议最高不超过 1000mg/ 天，服用泡腾片时需仔细阅读成分表；不要长期服用泡腾片，感冒症状减轻后便可停止。

· 食用能补充能量、清淡、多汤水、易消化的菜式。感冒发热期间，抵抗力下降，身体虚弱，要在补充汤水的同时，注意碳水化合物的摄入，为身体提供能量。除风热感冒外，还可以适当增加蛋白质来增强体质。

感冒发热期间不宜吃： 补品，生冷食物，油大、含糖量高、黏性大以及含有丰富蛋白质的食物。

风寒感冒是由受风着凉引起，在发病初期，喝一碗热热的姜糖水，可以起到发汗的作用，以及时驱散身体里的寒气。如果可以及时让孩子喝下姜糖水，则会大大减轻病症，甚至使症状消除。

风寒感冒初期
姜枣饴糖水

30 分钟

简单

主料

大枣..................6 个
姜....................3 大片
麦芽糖..........2 汤匙

辅料

清水..............1000ml

烹饪秘籍

如果孩子可以接受姜同汤汁一起饮用，可以把姜切成碎末，能更好地将其中的营养物质煮出来。

营养贴士

· 姜糖水可以驱除孩子肠胃里的寒气，温暖脾胃，可以作为体寒、脾虚、寒湿重孩子的日常保健茶饮。

· 姜皮属寒性，姜肉属热性，用于驱散胃里寒气时，要将姜皮去除；同理，在食用寒凉性食材，如苦瓜、螃蟹时，也要用去皮生姜来平衡食材的寒性。用姜做调味料使用时，则不用去皮，这样可以保持生姜的寒凉平衡，防止上火。

1. 姜去皮后洗净，切大片；枣对半切开，去核。
2. 小锅中放入适量清水，凉水时将姜片和枣放入。
3. 持续小火，煮制 20 分钟。
4. 喝的时候放温至 40℃左右，根据需要加入麦芽糖调味。

特色

热症感冒进行时

金银花绿豆粥

患风热感冒时，要用去火的食材对抗身体的不适，同时尽量少吃或不吃蛋白质含量高以及油腻的食物，以免加重症状。去火食材并不等同于生冷食物，风热感冒时，同样也要忌生冷，可以多喝梨汁、绿豆汤、西瓜汁等汁水，达到去火、补充水分的目的，同时也起到补充微量元素的作用。

⏰ 45分钟

✳ 简单

主料

绿豆.................... 30g
大米.................... 30g
金银花................. 5g

辅料

清水..............1000ml

营养贴士

患风热感冒通常会经历以下几个阶段，家长可以根据孩子的症状照顾起居并及时就医。

· 轻微症状：表现为鼻塞、打喷嚏、轻度咳嗽，通常3~4天可以痊愈。
· 中度症状：发展到咽部，咽部肿痛并伴有发热，通常发热现象持续2~3天。
· 重度症状：高热、怕冷、头痛、乏力、食欲减退等等。

烹饪秘籍

金银花可以在中药房买到，放在阴凉干燥处保存。

1. 绿豆和大米均用流动水洗净，金银花洗去表面杂质后装在滤纸包中。
2. 煮锅中放入食材10倍量的清水，水凉时将绿豆、大米和金银花包放入。
3. 大火煮开后转小火，盖上盖子煮40分钟或至绿豆开花。
4. 喝时将金银花包捞出。

番茄疙瘩汤

20分钟

简单

特色 风寒感冒发热期间，患者可能会出现身体虚弱、抵抗力下降、食欲不振等现象。此时可以做一些以番茄为主料的汤水类菜式，酸甜的味道可以刺激孩子的食欲，同时番茄中的钾元素还可以缓解因出汗过多而可能造成的微量元素不平衡。

主料

番茄..................100g
面粉.................. 20g
鸡蛋.................. 1枚

辅料

大葱..................... 5g
盐........................ 2g
油.................... 适量

烹饪秘籍

先将番茄块炒一下的目的是增加疙
瘩汤的香气，番茄味道更浓也更开胃。
如果孩子更喜欢清淡的口味，可以跳
过此步，通过增加番茄的用量和延长
煮制的时间来增加番茄的香气。

做这道汤时，选红透、手感稍软的番
茄为宜，这样汤汁味道更浓郁。

营养贴士

类似的菜式还有番茄蛋花
汤、番茄面片汤等等。切忌食
用生冷食物或有去火功效的食
材，否则会使症状加重。

生病期间，孩子的食欲可
能会有所降低，如果孩子实
在没有胃口，也不用太过紧
张，身体本身有足够的营养
储备，一两餐不吃并无大碍。
保证充分的睡眠，足量饮水
即可。

做法

1. 番茄洗净，去皮，切成小碎块；大葱切葱花；
   鸡蛋打散成蛋液。

2. 面粉放入容器中，将水龙头调整至滴出水滴的
   状态，让水滴分散滴在面粉中，并同时迅速用
   筷子顺一个方向搅动，直至面粉团成小团。

3. 炒锅中倒入适量油，待油温五成热时，放入
   葱花煸出香味。

4. 然后放入番茄块，同时放入盐，小火翻炒至
   出红色汤汁。

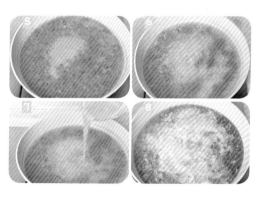

5. 加入适量开水，保持小火至沸腾，再继续
   煮 10 分钟。

6. 转大火，在沸腾处将面疙瘩分散倒入锅中，
   并搅散。

7. 待再次沸腾后，将蛋液倒入锅中。

8. 蛋液凝固后关火即可。

冬瓜排骨汤

90分钟 | 简单

（不含浸泡时间）

特色

感冒症状逐渐消退，身体慢慢恢复，这个时候依旧要保持清淡的饮食，切忌食用寒性偏大的食材，如海鲜。汤水依旧是这个时期身体喜欢的菜式，补充水分的同时还可以减轻肠胃的负担。

主料

肋排..................100g
冬瓜..................200g

辅料

盐.......................2g
姜.......................5g
葱.......................10g
香葱..................适量

烹饪秘籍

孩子感冒期间需要补充能量，但要避免油腻，肋排尽量选无肥肉的或将肥肉部分剔除。

营养贴士

恢复期的饮食在补充蛋白质的同时依旧要注重少油的原则，在煮瘦肉类的汤水时，要全程保持小火。

做法

1. 肋排放入清水中浸泡 30 分钟泡出血水，其间换 2 次水。

2. 冬瓜洗净，去皮，切成小块；姜切片；大葱切段；香葱切末。

3. 煮锅中倒入适量清水，沸腾后将肋排放入，焯 3~5 分钟后捞出，冲净肋排表面的浮沫。

4. 再取一锅清水，凉水时将焯好的肋排、姜片和葱段放入，大火烧开转小火，盖上锅盖煲 1 个小时。

5. 将冬瓜放入，再煲制 15 分钟。

6. 放入盐调味，关火后表面撒上香葱末。

感冒有时也能喝鸡汤

胡萝卜鸡肉粥

40分钟 | 简单

（不含浸泡时间）

鸡汤营养丰富，感冒时身体虚弱，那是不是感冒期间就可以喝鸡汤来补充营养呢？答案是，风寒感冒和病毒感冒时，适当喝一些鸡汤可以缓解症状；而风热感冒是绝对不能喝的，否则会加重症状。

特色

主料

鸡胸肉...............50g
大米...................50g
干香菇...............2朵
胡萝卜...............20g
叶生菜...............2片

辅料

盐........................2g
白胡椒粉..............1g
姜........................1片

烹饪秘籍

煮大米粥时，尽量将大米煮到充分开花，这样便于身体吸收。

孩子感冒时尽量多补充水分，粥不宜煮得过稠，米和水的比例为1：10就好。

做法

1. 大米提前用清水浸泡1小时，干香菇提前泡发。

2. 鸡胸肉切片，用白胡椒粉腌制。干香菇切片，姜切成丝，胡萝卜去皮切片，叶生菜切丝。

3. 煮锅中倒入泡发香菇的水，再加入适量清水，煮开后放入大米和姜丝。

4. 再次沸腾后转小火，盖上盖子煮约半小时至大米开花。

5. 放入鸡胸肉、胡萝卜、香菇和盐，拌匀后再煮5~8分钟。

6. 最后放入叶生菜，再次滚开即可。

营养贴士

熬鸡汤时难免火力控制不好，将肉中的脂肪煮到汤中，生病期间喝了脂肪较多的汤水，会给身体增加负担，选择脂肪含量较低的鸡胸肉煮粥，则避免了这个问题。鸡肉粥易消化，食用这道粥还能补充碳水化合物和水分，一举多得。

PART 13

缓解便秘
多维餐

孩子便秘形成的主要原因：上火或脾胃虚弱

上火的症状为舌头呈很重的红颜色，舌苔发白。这种情况发生时饮食上尽量采用清淡去火的搭配，可参见本书清凉去火章节，并多喝水。

如果舌头是淡淡的红色，则考虑是脾胃虚弱引起的便秘，请参考本书健脾养胃章节，盲目清热去火反而会导致症状加重。

如何预防孩子便秘情况的发生

· 多喝水，尤其是运动量较大、天气干燥的时候。
· 定期摄入膳食纤维食物，请参考下面食材的膳食纤维含量。
· 培养固定时间排便的习惯。

各类食材的膳食纤维含量

谷物类：4%~10%，从高至低为小麦粒、大麦、玉米、荞麦、黑米。

豆类：6%~15%，从高至低为黄豆、青豆、蚕豆、芸豆、豌豆、黑豆、红小豆、绿豆。

蔬菜类：笋类含量最高，菌类次之，绿叶菜中富含膳食纤维的有大白菜、小白菜、菜花、彩椒、油菜等。

水果类：枣类、石榴、苹果、梨、浆果类均含有一定量的膳食纤维。

肉类、蛋类、乳制品、海鲜大多不含膳食纤维素。

凉拌裙带菜

5分钟 | 简单

裙带菜可以提供足量的膳食纤维，预防或缓解孩子的便秘症状，还对孩子的骨骼、脑部、眼部发育有益，由此可见裙带菜的综合营养价值非常高。不仅如此，由于其营养素种类多且含量丰富，对女性有保护皮肤、延缓衰老的功效，对老年人可以起到抗癌的作用，因此是全家人可以每天或频繁食用的食材。

特色

主 料

干燥裙带菜.......... 5g
白芝麻.............适量

辅 料

大蒜...................4 瓣
香菜.................适量
醋...................1 汤匙
生抽.............1 茶匙
绵白糖...........1 茶匙
香油...............1 茶匙

烹饪秘籍

泡发干燥裙带菜只需要几分钟时间，做凉拌菜或馅时用凉水泡发为宜。

做法

1. 干燥裙带菜放入清水中充分泡发。

2. 泡好的裙带菜用流动水冲掉表面杂质，沥干水切成丝状。大蒜切成蒜末，香菜洗净切小段。

3. 取一容器，将生抽、醋、蒜末、香油和绵白糖一同放入并混合均匀。

4. 将调好的料汁与裙带菜混合，表面撒上香菜和白芝麻即可。

🍴营养贴士

相比其他海藻类食材，如海带、紫菜等，干燥裙带菜具有易保存、易泡发、烹饪方式多样、营养价值更高的特点，是首推的海藻类食材。

在为孩子准备裙带菜菜式时，不要再添加其他膳食纤维含量高的食物，以免摄入过量的膳食纤维影响营养吸收。做成年人食用的菜式，可以在菜中增加豆类、菌类等膳食纤维含量高的食材，帮助肠胃更好地运动。

鲜美浓香

烧二冬

⏰ 30分钟 | 🔍 简单

（不含浸泡时间）

特色 香菇和笋的膳食纤维含量较高。干香菇中的维生素 D 可以使骨骼更强韧，冬笋可以开胃健脾，两种食材的搭配在预防便秘的同时，还可增强身体抵抗力。

主料

干香菇............15 朵
冬笋.................100g

辅料

大葱.....................5g
姜丝.....................5g
生抽...............1 茶匙
老抽.................2ml
绵白糖..........1 汤匙
油.....................适量

烹饪秘籍

用鲜香菇做这道菜，口感会更加滑嫩，但干香菇中含有维生素 D，可以帮助吸收钙。在给孩子制作晚餐的时候，建议尽量使用干香菇。适当延长泡发干香菇的时间，会令干香菇的口感更饱满一些。

营养贴士

大多数笋和菌类的纤维都很丰富，烹饪时随意选择孩子喜欢的菌类和笋类即可。值得注意的是，选择干燥的菌类，可以为身体补充维生素 D。尽量选择口感较嫩的笋，如果买到的是冬笋，则尽量将外皮多剥几层，取较嫩的部分入菜。

做法

1. 干香菇提前用凉水泡发，泡香菇的水不要倒掉，留好备用。

2. 冬笋切厚片，泡好的香菇切相同厚度的片状，大葱和姜均切丝。

3. 煮锅中放入足量清水，放入笋片，大火烧开转小火煮 10 分钟左右，捞出沥水。

4. 炒锅中放入少许油，油温四五成热时，放入笋片，小火煎至金黄后盛出。

5. 锅中留底油，油温加热至五成热后，放入葱姜丝煸出香味。

6. 放入香菇，翻炒 1~2 分钟至煸出香味。

7. 放入笋片，同时加入生抽、老抽、绵白糖和泡香菇的水。

8. 大火煮开转中火，盖盖子焖 5 分钟，最后大火收汁即可。

小白菜猪肉水饺

🕐 1小时
（不含浸泡时间）

🍭 中级

特色 部分蔬菜的膳食纤维含量仅低于菌类，如大白菜、小白菜、圆白菜、西蓝花、彩椒、柿子椒等。虽然它们没有菌类的氨基酸成分，但含有的维生素种类多，水分丰富，足量的水分对便秘也有很好的缓解效果。家长可以根据孩子当时的情况进行膳食搭配。

主料

小白菜	300g
猪肉馅	200g
面粉	500g
清水（和面用）	170ml

辅料

大葱	1根
姜	10g
酱油	1汤匙
十三香饺子料	1茶匙
香油	2汤匙
盐	2g

烹饪秘籍

包饺子用到的材料的参考比例：

干面粉：馅（总量）=1：1

干面粉：水 =3：1

营养贴士

做馅的蔬菜在经过一系列的加工处理后，除了膳食纤维之外，营养素保留并不太多。大部分的营养素都随着水分被挤掉了。建议将蔬菜中的水分挤在容器中，当日常饮水消耗掉，这样既保证了水分的摄入，也补充了相应的营养成分。当然，草酸含量高的蔬菜水不宜饮用。

做法

1. 面粉中加入清水，用手揉成光滑的面团，盖上湿布或保鲜膜静置待用。

2. 小白菜切去根部，洗净，控干水，用开水焯软，再挤压出水分，用菜刀剁碎。

3. 大葱去根，洗净，切末；姜切末。

4. 猪肉馅中放入葱末、姜末、酱油和十三香饺子料，用筷子顺同一方向不停搅打，同时少量多次加入清水，直至肉馅上劲且感觉不到阻力为止。

5. 将攥出水分的小白菜与肉馅混合，再加入香油，搅打均匀。

6. 将醒好的面团分成几份，取一份搓成直径约2cm 的条状，然后用刀切成每个约 8g 重的剂子；用擀面杖将剂子逐个擀成饺子皮。

7. 取适量饺子馅放入饺子皮中央，将饺子皮对折捏紧封严，然后逐个将饺子包好。

8. 煮锅中倒入足量清水，沸腾后将饺子放入锅中，再次沸腾后倒入少量清水，如此反复三次，至饺子全部浮起即可。

我们并不建议孩子频繁地摄入粗粮，当有便秘现象发生时，家长可考虑用粗粮来缓解症状，待排便正常后，再恢复到正常饮食。

粗 纤 组 合

五谷丰登

主料

南瓜..................50g

玉米..................50g

花生..................50g

红薯..................50g

山药..................50g

25分钟

简单

★ ★ 烹饪秘籍 ★ ★

根据季节的不同，可变换使用不同的食材当主食，如南瓜、玉米、紫薯、花生、小芋头、红薯、山药、板栗等等。

营养贴士

在孩子吃花生、玉米这些颗粒状食物的时候，一定要叮嘱孩子吃饭要专注，耐心咀嚼，以免不小心窒息。喂食年龄较小的孩子可以将食材压成碎末。家长一定要学会海姆立克急救法，以应对孩子意外窒息的情况发生。

做法

1. 南瓜洗净，切成大块，去籽；玉米剥去外皮和玉米须，切成小段。

2. 花生用流动水冲净表面杂质，红薯用流动水冲洗干净，山药洗净切成小块。

3. 将所有食材放在笼屉里。

4. 将笼屉放在蒸锅上，大火蒸15分钟即可。

酸 酸 甜 甜

鲜果酸奶

特色

部分水果中也含有丰富的膳食纤维，食用它们可以达到润肠通便的目的。饮用酸奶时，不要吃酸味较重的水果，如猕猴桃、柿子、柠檬等。香蕉寒性较大，也不建议与酸奶同食。

PART/3

缓解便秘多维餐

🕐 25分钟

🍭 简单

主料

苹果..................适量

蓝莓..................适量

桃......................适量

火龙果..............适量

酸奶..................适量

烹饪秘籍

所有水果都要现吃现剥皮切块，切忌提前处理而导致维生素C流失。剩余的水果，可以榨成果汁全家人一起分享。

做法

1. 苹果去皮，去核，切成小块；蓝莓用流动水洗净。

2. 桃去皮，去核，切成小块；火龙果去皮，切成小块。

3. 将所有水果逐层铺在容器里。

4. 把酸奶浇在水果里即可。

PART **14**

清凉去火
消暑餐

孩子出现上火症状时，有些家长会给孩子喝一些凉茶或吃成人常用的去火药物来缓解症状，这个行为是不可取的。孩子上火的原因有很多，这个章节主要针对的是夏日炎热引起的上火现象，而非积食或因食材搭配不当引起的上火。

不同上火症状要用不同的方法对待，一定不要给孩子盲目地吃去火药或去火食材。去火食材大多偏寒性，吃了这些食材，脾胃受到寒气的侵袭，会对孩子娇弱的脾胃造成伤害。

应对孩子上火主要还是靠预防，平时多喝水，不挑食，少吃易上火的食材，多吃蔬菜、水果，并养成良好的排便习惯。

去火的食材：

绿豆、冬瓜、薏米、苦瓜、莲子、梨、黄瓜、豆腐、丝瓜、茄子等。

夏季食用容易引起上火的食材：

荔枝、桂圆、杧果、榴梿、花椒、八角、胡椒、辛辣食材、油炸食品等。

苦瓜蛋饼

15分钟　　简单

有去火功效的蔬菜通常都是水分含量超过 90% 的蔬菜，我们可以通过食用这些食材，达到给身体补水的目的。同时，这类蔬菜大多数具有利水的功效，再加上夏天出汗较多，体内微量元素会有损失。这道菜通过补充钾元素，维持身体正常代谢。

主料

苦瓜..................1 根
胡萝卜..............半根
鸡蛋..................3 枚

辅料

盐......................... 2g
油......................适量

烹饪秘籍

先将胡萝卜和苦瓜焯一下，是为了缩短摊蛋饼的时间，避免把蛋饼摊煳，同时也可以焯去苦瓜部分苦涩的味道。

如果觉得蛋饼翻面不易操作，也可将蛋饼打散。

特色

做法

1. 苦瓜洗净对半剖开，用勺子挖去白瓤和籽，切成小粒。

2. 鸡蛋打散成蛋液；胡萝卜洗净，去皮，切成与苦瓜同样大小的小粒。

3. 煮锅中倒入适量清水，水沸腾后将胡萝卜粒和苦瓜粒放入焯至八成熟，捞出后沥干水。

4. 将胡萝卜粒和苦瓜粒放入蛋液中，并放入盐。

5. 平底锅中倒入少许油，待油温六成热时，将蛋液倒入，并尽量把食材均匀分散在蛋液上。

6. 保持中小火，待一面蛋液凝固后，小心翻面后将另一面煎焦黄即可。

营养贴士

大多数清热去火的蔬菜，除了做汤外，都不宜长时间地加热或炒制，以避免水分流失过多而降低去火的功效。但也不一味地提倡去火食材的烹饪方式以凉拌为主，家长可以根据天气情况、孩子当日的活动量或身体情况，选择不同的烹饪方式。

蒸茄泥

20分钟　　简单

茄子是夏季的应季食材，具备很好的去火功效，尤其是出现痱子时食用蒸茄泥，效果更好。蒸茄子的过程会析出很多水分，这些都是去火的精华，建议直接喝掉，既可补充水分也能达到去火的作用。甜丝丝的味道也很容易让孩子接受。

主料

长茄子...............1个
芝麻酱...........2汤匙

辅料

大蒜..................6瓣
盐........................2g

挑选茄子的时候，要选嫩茄子，买回来后在冰箱里也不宜保存太久。变老的茄子对人体有不良影响，最好少吃或不吃，尤其是秋后的老茄子更不宜食用。

特色

做法

1. 长茄子洗净，去掉蒂部，去皮，切成大片。
2. 大蒜切成蒜末。芝麻酱用饮用水澥开。
3. 将茄子放入一深盘中，然后放入蒸锅中。
4. 大火将茄子蒸至筷子可以轻松插透的程度。
5. 用筷子顺茄子的纹理将茄子撕成细条，并逐渐撕成泥状。
6. 将芝麻酱、盐和大蒜与茄子混合拌匀即可。

营养贴士

·茄子除了有去火的功效外，紫色的茄皮还有丰富的维生素P。

·常见的有圆茄子和长茄子两种。两者相比较，长茄子水分略多，口感略细腻，微量元素的数值也较圆茄子高一点，茄子皮里的维生素P含量也略高。因长茄子可带皮食用，所以综合营养价值较高一些。

绿豆是夏季家中常备的
去火食材，但孩子脾胃
功能较弱，不宜喝寒性
较大的绿豆汤。用绿豆
煮成的绿豆沙，是适合
孩子的去火菜式。

清 凉 一 夏

百合绿豆沙

70 分钟　　**简单**

（不含浸泡时间）

主料

干百合.................15g
绿豆..................100g

烹饪秘籍

购买干百合时，要挑选颜色发黄
且叶瓣厚实的。如果有条件，用
鲜百合更好。购买时注意选择未
剔除根部且根部带有
泥土的鲜百合。

营养贴士

· 绿豆也有解毒、解药的功效，服药期间最好不
要喝绿豆汤。

· 绿豆沙最好在夏季且常温状态下食用，其他季
节食用绿豆沙，难免因过度寒凉伤及孩子的脾胃。

做法

1. 干百合用清水浸泡约 1 小时至没有硬块。

2. 绿豆洗净后放入煮锅中，并倒入足量清水。

3. 大火煮开后转小火，盖上盖子焖煮约 1 小时
至绿豆开花出沙。

4. 放入百合后，再继续煮 3 分钟即可。

PART 4

海边度假归来

赤小豆薏米水

特色

赤小豆薏米水有很好的去湿功效，非常适合炎热潮湿季节饮用，但孩子不宜频繁饮用。

1.5 小时　　简单

（不含浸泡时间）

主料

赤小豆...............100g
熟薏米...............100g

辅料

清水 2000ml

营养贴士

·赤小豆较红豆长一点，有利水去湿的效果，红豆的去湿效果则很低。
·煮赤小豆薏米水时，切忌加入其他谷物，如大米、糯米等。

烹饪秘籍

如果有时间，最好将赤小豆和熟薏米放在冰箱冷藏室浸泡过夜。

用电饭煲会更加省心，使用其中的"煮粥"功能即可。

做法

1. 赤小豆和熟薏米用清水浸泡 4 小时以上。
2. 把赤小豆和熟薏米放入煮锅中，并倒入适量清水。
3. 大火煮开后转中小火，盖上盖子煮制 1 小时。
4. 继续焖约半小时即可。

越来越多的家长了解到西瓜是寒性较大的食物，尤其是放入冰箱冷藏后寒性更重；而且，西瓜糖含量高，稍不留神就会摄入超标的热量。其实，没有不好的食材，只有不好的搭配。我们只要在适当的时间吃相应的食材，身体自然就能得到很好的调养。

三伏天必备

薄荷西瓜汁

15分钟

简单

主料

西瓜.................500g
薄荷叶...............10g

✦✦ 烹饪秘籍 ✦✦

用原汁机榨汁的话，可省去去籽的步骤。

榨好的西瓜汁要尽快饮用，以免营养流失。

营养贴士

做西瓜汁建议用常温西瓜，或将西瓜从冰箱冷藏室中取出后，在室温状态下放置片刻再食用，以免肠胃受到刺激。同时，榨好的果汁最好在半小时内喝完。

做法

1. 薄荷叶用流动水冲洗干净。
2. 西瓜去皮，去籽，切成小块。
3. 把西瓜块和2/3薄荷叶榨成果汁。
4. 把果汁倒入杯中，用剩余的薄荷叶点缀即可。

特色

对抗"秋老虎"

荸荠雪梨水

夏末秋初的"秋老虎"季节，白天闷热晚上凉风习习，既要消暑又要润燥。太过寒凉的西瓜、绿豆都可以退出餐桌，用白色食材和去火食材煮成的汤水可以上场了。

40分钟

简单

主料

荸荠..................10 个
雪梨..................1 个
胡萝卜..............半根

辅料

清水..............1500ml

营养贴士

莲藕、梨、荸荠、竹蔗、茅根、百合、莲子、银耳等白色的食材，从夏末秋初可以一直用到秋季结束，甚至在气候干燥的北方冬天，也可以用来去燥。

烹饪秘籍

加入胡萝卜是为了在不使用糖的前提下，增加汤水的甜度。

凉水下锅且始终保持小火的目的是将食材中的营养素充分释放到汤汁中。

做法

1. 荸荠去皮，洗净，切成小块。
2. 雪梨洗净，去皮，切成小块。
3. 胡萝卜去皮，切同样大小的块状。
4. 将食材和清水倒入锅中，盖上锅盖持续小火煮约半小时。

PART 15

黑亮浓密
护发餐

孩子护发的黄金法则

给头发提供充足的营养。 饮食中要加入禽畜肉类、鱼类、蛋类、水果和蔬菜，而且还要定期食用碘含量高的食材，如紫菜、海带等。

勤梳头。 经常梳头可以刺激头皮，促进局部的血液循环，使头发生长得更好。梳头时，要用质地较软的梳子，并顺着孩子头发自然生长的方向梳理。

充足的睡眠。 睡眠质量不好会间接地导致头发生长不良。

适当晒太阳。 适当晒太阳对孩子头发非常有益，对头皮也有杀菌的作用。但要注意不要长时间暴晒，以免晒伤头皮。

护发养发的优质食材

核桃

鲤鱼

虾、蟹、贝类

黑色谷物

海藻、海带

牛奶

20分钟

简单

强 韧 浓 密

坚果藜麦沙拉

特色 核桃是促进头发生长和使头发浓密比较有效的食物其实不仅是核桃，坚果大多有这一特性，而且每种坚果分别含有各有优势的微量元素。吃混合坚果，可以让微量元素摄入得更加全面，从而使头发获得更全面的营养。

主料

藜麦..................50g
熟鸡胸肉...........30g
樱桃萝卜...........2 个
叶生菜..............2 片
红彩椒...............10g
黄彩椒...............10g
"每日坚果"....1 袋

辅料

果醋...............2 汤匙
黑胡椒粒........1 茶匙
橄榄油...........1 汤匙
盐........................2g

烹饪秘籍

藜麦产地不同颜色也不尽相同,
颜色较深的
藜麦营养价
值会高一些。

营养贴士

藜麦的营养品质受土壤营养、气候条件、种植方式影响很大。藜麦原产于南美洲,近年来我国也开始种植藜麦,原则上来说,在有限的市售藜麦品种中,尽量选择高海拔产地、颜色深的藜麦。

做法

1. 藜麦用清水淘洗干净。

2. 煮锅中倒入足量清水,沸腾后将藜麦放入。

3. 中小火煮 15 分钟,然后沥干水备用。

4. 熟鸡胸肉切成小块;樱桃萝卜洗净,切片。

5. 叶生菜洗净,切段。

6. 红彩椒和黄彩椒均洗净、去籽、切粗丝。

7. 将果醋、黑胡椒粒、橄榄油和盐混合,充分搅拌至完全融合。

8. 将处理好的所有食材、"每日坚果"和酱汁混合拌匀即可。

亮 黑 秀 发

番茄鱼

⏰ 1.5 小时

🍭 简单

特色 在补充头发营养方面，我们推荐多吃鲤鱼。鲤鱼可以起
到乌发的效果。

主料

鲤鱼..................1条
番茄..................3个

辅料

番茄酱..........2汤匙
盐..................2g
白胡椒粉........1茶匙
鸡蛋..................1枚
大葱..................10g
姜..................5g
香葱..................适量
油..................适量

烹饪秘籍

为了节省做饭的时间，可以提前做好鱼汤放在冰箱冷冻室内保存。

本道菜要尽量使用完全熟透、手感稍软的番茄，且要煮出红油后再下鱼片，这样汤头的味道会十分浓郁。

营养贴士

鲤鱼除了可以令头发乌黑，还有健脾养胃的作用。鲤鱼的脂肪含量也很低，晚餐食用也不会给身体造成负担。

做法

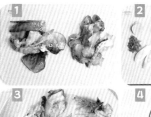

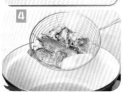

1. 鲤鱼去鳞、去内脏，清洗干净，切成薄片。鱼骨和鱼头均切块，备用。

2. 鱼片用白胡椒粉、蛋清和淀粉腌制20分钟以上。大葱切段，姜切大片，香葱切末，番茄去皮切成小块。

3. 炒锅中倒入少许油，放入鱼头、鱼骨和姜片，中小火煎至金黄。

4. 另取一煮锅，将煎好的鱼骨和葱段放入清水中煮半小时，然后滤去杂质。

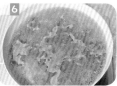

5. 炒锅中留底油，放入番茄酱和番茄块，小火翻炒至番茄变软出汁。

6. 倒入鱼汤和盐，中小火煮10分钟。

7. 然后逐片放入腌好的鱼片，鱼片变色后关火。

8. 表面撒上香葱末即可。

虾蟹粥

50分钟 | 简单

（不含浸泡时间）

特色 虾、蟹、贝类等海鲜大多数含有丰富的微量元素，搭配食用，头发发质会得到明显改善。

主料

海虾....................8 只
海蟹....................1 只
大米....................50g

辅料

香芹....................10g
姜........................2 大片
盐........................1g

烹饪秘籍

虾油和香芹末都能起到给粥增香和丰富口感的作用，缺一不可。

煮白米粥时，水量稍稍比平时煮粥多一些，一是因为后续还有虾、蟹的加入，其次在食用的过程中，粥会越来越黏稠，水量不够的话会影响口感。

营养贴士

如果孩子的头发出现枯黄、分叉等现象，有可能是体内缺少某种微量元素，建议去医院做微量元素相关的检测，再有目的地进行补充。

做法

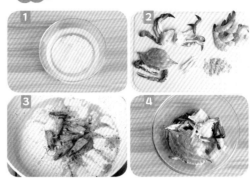

1. 大米提前浸泡至少 1 小时，淘洗干净。

2. 海虾去头，去皮，清除虾线；海蟹去掉蟹盖，剪下钳子，剔除掉鳃和内脏，斩成大块；姜切丝；香芹切末。

3. 用虾头熬制虾油，方法见本书 p.60 金汤煨面。

4. 处理好的虾和蟹，放在容器中，用一半分量的姜腌制片刻。

5. 煮锅中倒入米量 7 倍的清水，煮开后将泡好的大米放入。

6. 再次沸腾后转小火，盖上盖子煮 30 分钟至大米开花。

7. 加入姜丝、螃蟹、虾和虾油，继续煮 5 分钟。

8. 最后放入盐和香芹末，搅匀后关火。

甲状腺素能令头发光
泽增加。碘是合成甲
状腺素的重要原料。
海带、紫菜、海藻等海
味中碘元素都很丰富。

特色

增 加 光 泽

蛏子海带汤

30 分钟　简单

（不含吐沙时间）

主料

蛏子.............. 4~5 个
海带结.......... 7~8 个

辅料

大葱...................... 5g

★ ★ 烹饪秘籍 ★ ★

持续用小火煮海带，是为了将海带中
更多的鲜味物质煮出来，汤汁更鲜美。

海带和蛏子都有咸味，这
道汤中不需要再放盐。

🍴🥄 营养贴士

贝类食材蛋白质含量较高，晚餐食用过多容
易给肠胃增加负担，用少量提鲜就好。

做法

1. 蛏子买回后放在浓盐水中至少吐沙 1 小时。

2. 海带结用流动水冲洗干净，去除多余盐分。
   大葱洗净，切段。

3. 煮锅中放入适量水，放入海带结和葱段，
   小火煮 20 分钟。

4. 然后把蛏子放入，全部开口后关火即可。

乌 黑 亮 发
谷物黑牛奶

特色

我国的中医认为，黑色的食物有补肾、养血、固发、乌发、生发的作用。像黑豆、黑芝麻、黑米、黑木耳、海带、紫菜等，都是养肾固发的好食材。

15分钟 | 简单

主料

黑豆..................50g
黑芝麻..............50g
牛奶..................1袋

营养贴士

黑芝麻中含有大量的叶酸、蛋白质、维生素E、钙质等头发所需要的多种营养成分，如果孩子发质不好，可以频繁食用。同时，黑芝麻中的其他营养成分对孩子的骨骼成长也有很好的促进作用。

烹饪秘籍

高温加热会使牛奶中的营养流失，将牛奶直接加入米糊中即可。

做法

1. 黑豆和黑芝麻均用流动水淘洗干净。
2. 将所有食材放入豆浆机中。
3. 加入清水至最低刻度线处，启动"五谷豆浆"模式。
4. 程序完成后，将牛奶与磨好的米糊混合即可。

PART 16

闪亮明目
护眼餐

保护孩子视力请这样做

注意用眼卫生 不要用脏手揉眼睛。眼睛出现炎症或其他不适症状时，不要滥用眼药水。

正确的用光环境 适合孩子写作业和阅读的光源是高色温的照明灯具。但也不能只开着台灯，周围环境照明过暗也容易加剧视觉疲劳。同样的道理，看电视也需要给眼睛提供环境亮光。

减少近距离用眼时间 很多孩子近视的原因是近距离用眼时间过长导致眼睛疲劳无法缓解。在近距离用眼，如阅读、写作业或使用电子产品时，每40分钟左右最好休息一下，防止眼睛过度疲劳引起近视。

保证充足的睡眠 孩子每天的睡眠时间最好是9~11个小时，不要低于7个小时。睡眠的时间也是眼睛休息的时间，睡眠不足会导致用眼过度，导致近视等现象的发生。

多进行户外活动 最近的研究表明，户外活动时间每天累积达到2个小时，或每周累积达到10个小时，就可以预防近视。这里说的是户外活动，并不是户外运动。

保护孩子视力请这样吃

吃富含维生素 B_2 的食物 缺乏维生素 B_2 会使眼睛容易产生血丝、怕光和易流眼泪。补充维生素 B_2 可以多吃肝、肾、牛奶、绿叶菜、蘑菇等。

吃富含维生素 A 的食物 维生素 A 可以防止视力减退、提高暗光源下眼睛的适应能力，也能够有效缓解眼睛干涩和疲劳。肝脏、牛奶、蛋黄等食物中都富含维生素 A。

吃富含 β-胡萝卜素的食物 β-胡萝卜素对眼部的作用与维生素 A 相同，β-胡萝卜素主要存于植物中，如胡萝卜、南瓜等红黄颜色的蔬菜中。

吃富含钙质的食物 眼睛的发育与钙质有着密切的关系，钙质的长期缺乏会导致眼睛壁机体失去弹性，从而变成近视。

吃富含微量元素的海产品 微量元素对视神经的发育起到全面的辅助作用，海产品中微量元素种类全面，且含有陆地食材没有的微量元素种类，经常食用海产品可以让眼部获得更加全面的营养。

清爽护眼

三色鸡丁

25分钟 | 简单

护眼需要清淡的菜式，本菜品是很好的例子。鸡胸肉蛋白质高，脂肪含量低，消化吸收率高，可以为眼部提供足量的蛋白质。

特色

主料

鸡胸肉.............. 50g
西蓝花.............. 50g
胡萝卜.............. 20g

辅料

淀粉.............. 1茶匙
大葱.............. 3g
盐.............. 2g
白胡椒粉.............. 1g
油.............. 适量

烹饪秘籍

西蓝花茎部的营养成分要高于花蕾部分，处理西蓝花时尽量多地将茎部保留。如果觉得口感粗糙，可以削一层茎部的外皮。

营养贴士

西蓝花不仅可以提高视力，还有预防白内障的作用，家中老人也可以经常食用西蓝花。

做法

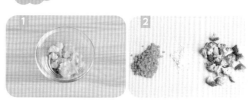

1. 鸡胸肉洗净，剔除筋膜切成小粒，用白胡椒粉和淀粉腌制10分钟。
2. 西蓝花洗净，撕成小朵；胡萝卜去皮，切成小粒；大葱切成葱末。

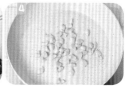

3. 小锅中倒入适量清水，沸腾后将西蓝花放入，变色后盛出沥水备用。
4. 炒锅中倒入少许油，待油温五成热时，放入鸡胸肉滑散，变色后盛出。

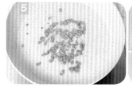

5. 锅中留底油，放入葱末煸出香味，然后放入胡萝卜翻炒1分钟。
6. 再将西蓝花、鸡胸肉和盐放入，翻炒均匀后出锅即可。

备考养眼

胡萝卜猪肝面

40分钟 | 简单

（不含浸泡时间）

特色 维生素A是眼部所需的重要营养素，肝脏中的维生素A含量非常高；将肝脏和胡萝卜结合可以给眼睛提供足量的营养，尤其适合高强度用眼期间食用。

主料

猪肝....................80g
胡萝卜............1/4 根
青椒................半个
鸡毛菜..........1 小把
面条................100g

辅料

淀粉..............3 汤匙
大葱....................5g
姜......................3g
大蒜............4~5 瓣
甜面酱...........1 茶匙
绵白糖...........1 汤匙
盐 ....2 g
油....................适量

烹饪秘籍

处理猪肝的时候，一定要多次换
水浸泡出猪
肝中的血水，
目的是去除
异味和其中
的杂质。

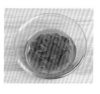

营养贴士

维生素A的摄入量绝对不是
越多越好。摄入过多会引起
身体的中毒反应。如果孩子
在食用一些营养补剂，如鱼
肝油类、维生素片类产品，
则要降低饮食中相应食材的
摄取量，或遵医嘱。

做法

1. 将猪肝用流动水冲掉表面杂质，然后切成
   小片，再用清水反复冲洗掉血水。

2. 处理好的猪肝片用少许盐和少量淀粉腌制
   片刻。

3. 青椒洗净，去籽后切成片状；胡萝卜去皮，
   切片；大葱、姜和大蒜均切末。将甜面酱、
   绵白糖和淀粉混合在小碗中，调成碗汁。

4. 煮锅中倒入适量清水，沸腾后将猪肝放入，
   焯至变色盛出。

5. 炒锅中放入少许油，放入葱姜蒜末煸香，然
   后放入猪肝、胡萝卜和青椒，大火翻炒。

6. 倒入碗汁，快速翻炒均匀后关火。

7. 另取煮锅，将面条煮熟，面条九成熟时，放
   入洗好的鸡毛菜焯熟。

8. 把面条和鸡毛菜盛入碗中，放上炒好的猪肝
   即可。

高 效 养 眼

鸡刨豆腐

12分钟 | 简单

特色

小小的一枚鸡蛋可以给眼部提供丰富的营养物质。豆腐除了能为眼部提供优质蛋白之外，还有清热去燥的作用。吃豆腐可以避免上火给眼部带来的伤害。

主料

北豆腐.............200g
鸡蛋.................2枚

辅料

香葱.................2根
盐.......................2g
油.....................适量

烹饪秘籍

要选择水分少的豆腐来做这道菜。如果使用南豆腐，则要延长炒豆腐的时间令水分尽量多地流失。

做法

1. 北豆腐放在容器中，用手抓成碎末。
2. 鸡蛋打散成蛋液。香葱洗净，葱白和葱绿分别切成末。
3. 炒锅中放入少许油，待油温五成热时，放入葱白煸出香味。
4. 放入豆腐，翻炒2~3分钟至水分蒸发，呈鸡刨的散状。
5. 将蛋液倒入锅中，翻炒至成块状。
6. 放入盐和葱绿末，翻匀后出锅。

🍴 营养贴士

适龄儿童可以两种蛋类交替食用，3~4个鹌鹑蛋相当于1个鸡蛋。

万 能 海 藻

烤紫菜

20分钟 | 简单

吃海藻类食材可以对孩子的成长发育起到非常大的作用，在眼部的保健中也有所体现。全面且丰富的微量元素可以给眼部提供发育所必要的辅助支持，而且脂肪含量也很低，不会给身体带来负担。

特色

主料

干紫菜 10g
香油..............2 茶匙
白芝麻..............适量

烹饪秘籍

香油的作用是增香，用量不用太多。

如果掌握不好火候，也可以用烤箱来操作。将所有食材混合拌匀平铺在烤盘中，烤箱预热140℃，烤制12~14分钟即可。

做法

1. 紫菜剪成喜欢的形状和大小。

2. 平底锅加热后，放入紫菜块，持续小火将紫菜翻炒至绿色发脆的状态。

3. 加入香油、白芝麻和盐，翻炒均匀出锅。

4. 晾凉后放入密封的容器保存。

营养贴士

如果要购买超市中的海苔类产品，一定要仔细阅读产品配料表，不要买钠含量过高的海苔产品。每次食用几片即可，不要过量，吃完后及时喝水。

PART 17

增强体质
抗过敏餐

本书适龄儿童的过敏与婴幼儿不同，**婴幼儿**的免疫功能和肠胃功能会随**着**生长发育逐渐完善，有些过敏症**状**也会随之减弱。常见的婴幼儿易**过敏**食材有猕猴桃、杧果、鸡蛋、**海鲜**、花生等等。家长可以通过少量到多量的尝试，提高孩子对食物的免疫力。一旦确定孩子对某种食物过敏，最好去医院做相关过敏检查，根据过敏程度，确定孩子是少吃还是不吃该种食物。

随着孩子的成长，孩子身体对食物的免疫力会逐步增强，但环境影响的过敏现象则出现得越来越频繁。环境污染、空气质量下降等等都是诱发学龄儿童过敏的原因。据相关部门调查，学龄儿童的过敏症发病率高达 30%，常见的有过敏性鼻炎、咽炎、哮喘、咳嗽、湿疹、腹泻等。诱发过敏的物质从花粉、宠物皮毛、灰尘、螨虫到食物，无处不在。

如何预防学龄孩子的过敏现象呢？

· 营养均衡的膳食搭配。不偏食，避免蛋白质摄入过量。
· 摄入足量的维生素 C 和 β - 胡萝卜素。
· 增加户外运动和晒太阳的时间，提高身体的免疫力。
· 保持屋内卫生，经常通风，每周清洗床单被褥，少用地毯。
· 家长不在室内吸烟。
· 花粉多的季节减少外出，尤其风大的时候，出门时配带口罩。

新鲜维 C 沙拉

20分钟 | 简单

蔬菜水果中含有丰富的维生素C，生食凉拌的方式则能最大限度减少维生素C的流失。补充维生素C可以提高人体的免疫力、增强体质，从而达到减少过敏症发生几率的效果。

主料

牛油果..............1 个

鸡小胸..............1 条

鸡蛋..................1 枚

樱桃番茄..........6 个

紫甘蓝..............2 片

生菜............4~5 片

辅料

果醋..............2 汤匙

橄榄油..........1 汤匙

盐..................2g

黑胡椒粉........1 茶匙

白胡椒粉..............1g

烹饪秘籍

此道沙拉适合夏日的晚餐食用，再增加一些煮好的藜麦作为主食，便是营养搭配的一餐。

做法

1. 鸡小胸用 1g 盐和白胡椒粉腌 10 分钟。鸡蛋放入清水中煮熟。

2. 腌好的鸡小胸放入沸水中焯熟，并切成小块。

3. 煮好的鸡蛋切成小块。

4. 牛油果对半剖开去核，果肉切成块状。樱桃番茄洗净后对半剖开。紫甘蓝洗净切丝。生菜洗净。

5. 将果醋、橄榄油、盐和黑胡椒粉混合并拌匀。

6. 取一深盘，将生菜叶铺在盘子底部，再将其他食材铺好，表面淋上调好的油醋汁。

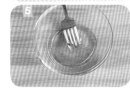

营养贴士

牛油果是非常适合孩子食用的水果之一。牛油果的优势是它可以润肠通便，可以滋养孩子的头发，而且对眼睛十分有益。牛油果油脂含量较高，适龄儿童每天食用半个为宜。考虑到接触空气后营养流失的因素，可以全家人共食一个，或孩子隔天食用一个。

白灼金针菇

10分钟 | 简单

经研究发现，金针菇中含有一种蛋白，可以预防哮喘、鼻炎、湿疹等过敏性病症，除此之外，金针菇还有清除身体中重金属离子代谢产生的毒素和杂质的作用，可有效提高身体的抗过敏能力。

主料

金针菇............1小把
香葱....................2 根
红彩椒................10g

辅料

蒸鱼豉油........1汤匙
油......................适量

烹饪秘籍

买回家的金针菇如果一次吃不完，不要清洗，直接用厨房纸包好或放在保鲜盒中，放在冰箱冷藏室中，可以保存 3~4 天。

清洗金针菇需要一些耐心，先把根部的杂质去掉，再用清水浸泡10~20 分钟，然后撕成小股，分别清洗干净。

做法

1. 金针菇切去老根清洗干净，香葱切成末，红彩椒切碎粒。
2. 锅中倒入适量清水，沸腾后将金针菇放入。
3. 焯好的金针菇沥干水分后，平铺在盘子中。
4. 盘子中倒入蒸鱼豉油，表面撒上香葱末和红彩椒粒。
5. 炒锅中倒入少许油，大火将油烧至冒烟。
6. 小心迅速地将油浇在金针菇表面即可。

🍴 小贴士

新鲜优质的金针菇菌柄约为13CM，呈自然的黄色，质地干燥，菇帽饱满没有开裂且没有黄斑，散发淡淡的清香。
散装金针菇若出现味道微酸，手感发黏，颜色明显偏白的现象，都不要购买。

暖 心 抗 敏

关东煮

2.5 小时 | 简单

清香又鲜味十足的关东煮一直受孩子的喜爱。从营养角度来说，它的确是一道营养价值全面、高蛋白且低脂肪的菜式。调出好味道的关东煮汤底不仅没有一点难度，还不用花费太多的时间。按照这个配方操作，成品比外面买的关东煮还要好吃。

特色

主料

海带结...............6 个

柴鱼花...............15g

鲜香菇...............4 朵

胡萝卜...............1 根

金针菇............1 小把

北豆腐..............100g

白萝卜............1/3 根

甜玉米...............1 根

娃娃菜.............半棵

烹饪秘籍

常见的关东煮都是用扦子串起来的串串。在家制作时，为了安全和省事，省去了这一步。如果要串成串串食用，则要选用较深的煮锅。

煮汤底时，可以用养生壶来操作，安全又省心。

因海带结本身有咸味，所以不用再加盐。

做法

1. 鲜香菇用流动水洗净后，表面切花刀。

2. 海带结用流动水清洗干净，柴鱼花装入滤纸包中。

3. 煮锅中放入足量清水，水凉时将海带结、香菇和柴鱼花放入，小火慢煮 2 个小时。

4. 胡萝卜去皮切块，金针菇切去老根清洗干净，北豆腐切成小块。

5. 白萝卜去皮切厚片，甜玉米洗净切成小段，娃娃菜叶洗净切去根部。

6. 汤底煮好后，将所有食材放入，煮熟即可。

营养贴士

制作关东煮可以把防过敏的食材全部放入，营养全，热量低，也可根据孩子身体情况或喜好，加入相应食材，美味的同时不会担心热量超标。

三文鱼饭团

20分钟 | 简单

发生过敏症状时不能吃鱼，但在日常的膳食中经常吃深海鱼，可以减少过敏症状发生的几率。孩子尽量不要吃生鱼片，最好加工至完全成熟后再食用。

特色

主料

三文鱼................ 50g

红彩椒................ 10g

黄彩椒................ 10g

西蓝花................ 10g

米饭 ....适量

辅料

盐........................ 2g

黑胡椒粉.......1茶匙

烹饪秘籍

制作饭团的蔬菜可根据孩子的喜好任意搭配，尽量选择自身水分较少的食材，这样便于造型。

营养贴士

三文鱼的营养价值与其生存的海域有关，环境保护越好的海域出产的三文鱼营养价值就越高。挪威出产的三文鱼品质有保障，但由于运输环节耗时较长，容易出现二次污染，且价格较高，不宜给孩子食用。给孩子食用的三文鱼都是加热至完全成熟的，可以选择价格略低的冰冻三文鱼。

做法

1. 三文鱼切成小粒；红彩椒和黄彩椒均洗净，去籽，切成小粒；西蓝花洗净，撕成小朵。

2. 煮锅中倒入适量清水，沸腾后将西蓝花放入焯至八成熟，然后切成碎末。

3. 炒锅中放入少许油，待油温五成热时，放入三文鱼粒炒散且变色。

4. 然后放入西蓝花、红彩椒和黄彩椒，翻炒均匀。

5. 将炒好的食材与米饭混合，同时放入盐和黑胡椒粉，搅拌均匀。

6. 用模具将拌好的米饭造型即可。